图1

图2

图3

图4

图5

图6

1　中熟优质桃——中桃5号
2　赏食兼用桃——白如玉
3　大果全红桃——夏香姬
4　早熟油桃——中油13号
5　观光采摘桃园两主枝开心整形
6　赏食兼用桃满天红开花状

图7

图8

图9

图1

图11

图

图7　早熟中华猕猴桃——红阳
图8　小果毛花猕猴桃——玉玲珑
图9　晚熟中华猕猴桃——金艳
图10　浙南山区碑排猕猴桃观光采摘园
图11　早熟美味猕猴桃——翠香
图12　高品质葡萄——阳光玫瑰

图13

图14

图15

图16

图17

13 中国樱桃——黑珍珠
14 中国樱桃——诸暨短柄
15 南方红树莓——掌叶覆盆子优系
16 观光果园地被植物——芝樱
17 浙南山区龙泉山北山楂结果状

图18

图19

图20

图2

图2

图2

图18　大果白枇杷——宁海白
图19　特色晚熟梨——云和雪梨
图20　特色白枇杷——太平白
图21　红枇杷优系——太平红
图22　庭院观光果树——石榴挂果状
图23　设施避雨大棚杨梅

24　早熟红李——大石早生
25　宫川温州蜜柑避雨完熟栽培
26　晚熟大果李——秋姬李
27　浙南山区特色杂柑——甜橘柚
28　优质高产果桑——无籽大十
29　浙南龙泉山苹果结果状
30　特色热带水果——红心火龙果

图31

图32

图33

图31　浙南山区丽水桃产业观光带
图32　浙南山区村落镶嵌于桃花丛林中
图33　树上粉红桃花＋地上绿草陪衬
图34　蓝莓花盛开状

图34

图35

图36

图37

图38

图39

图40

图41

35 现代农业观光园桃采摘园区
36 蓝莓观光采摘园＋小仙都景区
37 特色观光果树＋鱼塘
38 观光采摘果园＋科普宣传
39 葡萄采摘基地＋农家乐
40 果树采摘基地＋休闲度假山庄
41 观光果树采摘园＋景区＋民宿

图42

图43

图4

图42　浙南山区龙泉兰巨观光果树采摘
　　　园区＋游客中心＋汽车露营基地
图43　浙南山区莲都仙渡采桃节
图44　苦槠（野生果树）花盛开状

观光果树开发与利用

柳旭波　徐象华 ◎ 编著

中国农业出版社

编　著　柳旭波　徐象华

参　编　范芳娟　刘南祥　杨　继

　　　　周慧娟

前言
PREFACE

　　果业发展需要秉持特色、品质、融合的发展理念，推进供给侧结构性改革，在我国很多地区已经出现果业生产兼顾观光旅游的兼业经营或转型经营，果树生产正逐渐从以前那种单一的果品产销经营模式，朝着休闲观光方向拓展延伸。休闲观光果业是以区域自然生态资源为依托，以观光果树开发利用为核心，结合乡村农耕生活，挖掘历史人文资源，为人们提供观光、休闲、度假、健身、娱乐、体验、购物和科普的一种果业经营活动。浙南山区地处长三角经济区和海西经济区的交集区，是华东地区重要的生态屏障，生态旅游资源十分丰富，随着高铁、高速公路等综合交通运输体系的不断完善，旅游通达性、便捷性明显提升，已成为长三角地区居民休闲养生度假、乡村生态旅游的黄金区域，浙南山区将全域参与国家东部生态文明旅游区建设。农旅融合发展是全域旅游的有效载体，坚持"以果促旅、以旅兴果、产业互动、优势互补"的果旅融合发展战略，实施"休闲观光果园＋乡村民宿（农家乐）"融合发展模式，依托区域优越的生态环境，把观光果树开发利用作为乡村田园景观建设的有效抓手，让休闲观光果业在乡村旅游田园景观建设中发挥独特作用，成为山区乡村经济发展的新亮点。

　　本书主要内容包括观光果树开发利用背景意义、浙南山区休闲观光果业区位条件、区域特色观光果树种类、观光果树开发基础条件、观光果树开发利用模式、观光果树开发规划布局、观光果树开发配套技术、观光果树病虫害防治、观光果树园艺设施应用、果树园艺养生保健功效以及观光果树开发宣传营销等，在相关章节中融入了编者长期以来在区域观光果树开发利用实践中形成的一些见解。本书内容翔实，结合生产实际，力求通俗易懂，可以为政府职能部门规划发展休闲观光果业提供策略引导，为农民专业合作社、家庭农场等经营主体建设休闲观光果园提供路径选择，也为基层农技人员指导观光果树开发利用提供阅读参考。

　　谨以本书献给致力于区域观光果树开发与利用的人们。

　　本书在编撰过程中得到了同行专家的指点，参阅了有关书籍资料，引用了文献中的一些观点；编者主持的观光果树开发利用技术研究与示范项目承担与合作单位，以及范芳娟、蔡利武、练良贤、陆咸亮、谭小亮等项目团队骨干成员在观光果树资源区试应用等方面做了很多工作，在此一并表示感谢！由于时间仓促，水平所限，书中难免存在错误和不妥之处，敬请同行和广大读者批评指正。

编　者

2017 年 9 月

目　录
CONTENTS

目　录

第一章
绪　　论

　　观光果树是指花、果、叶、枝等器官或植株整体具有一定观赏价值，又可通过栽培生产食用果品的特色果树。观光果树资源十分丰富，有的树姿形态优美，有的花器艳丽芬芳，有的果实鲜艳夺目，开发者根据区域自然生态环境条件挖掘利用观光果树资源的功能特性，就能够营造特色鲜明的休闲观光园区景观环境。观光果树是休闲观光农业开发中不可缺少的特色树种，深入研究观光果树的开发利用技术，为推进传统果业转型升级提供技术支撑。

　　休闲观光果业是以观光果树开发利用为基础，结合园区周边自然生态环境，挖掘历史人文资源，推进果旅融合发展，为人们提供休闲观光的果树生产经营活动。

第一节　休闲观光果业发展前景

　　国家宏观政策引导休闲观光果业科学发展，国务院办公厅颁布了国办发〔2013〕10 号《国民旅游休闲纲要（2013—2020 年)》和国办发〔2015〕93 号《关于推进农村一二三产业融合发展的指导意见》，农业部、财政部等部门联合印发了农加发〔2016〕3 号《关于大力发展休闲农业的指导意见》，要求加快推进第一产业与旅游业的融合发展，开展农业观光和体验性旅游活动，全面提升乡村旅游和休闲农业的发展水平，拓展农村非农就业增收空间，促进农民就业增收，繁荣农业农村经济。

社会经济快速发展助推山区休闲观光果业，一是山区基础设施改善为休闲果业发展创造了有利条件，近年来，各级政府不断加大农村基础设施建设力度，山区路、水、电、通讯等基础设施条件有了根本变化，为发展休闲观光果业奠定了基础。二是个性化休闲体验旅游渐成新宠，随着社会经济快速发展，城乡居民的休闲消费需求持续高涨，渴望回归自然、体验返璞归真的休闲生活，在优美的田园风光中放飞心情。三是农业产业结构变迁为休闲果业提供了发展空间，农村人力资源外流，青年农民离村创业，促使山区农业资源朝向坚守农村的种养能手集聚，这为乡村依托观光果树资源和自然生态环境发展休闲观光果业提供了发展空间。

第二节　观光果树开发的现实意义

浙南山区山多地少，生态环境优越，在农业发展定位上，不在于生产大宗农产品，而应把发展特色生态农业作为基本方向，为打造生态休闲养生基地提供美好的生态环境和农业产业支持，在农业发展思路上，应充分利用和挖掘现有区域资源，对传统农业进行生态化改造，因地制宜地推进农旅融合发展。

休闲观光果业是现代果业发展的新选择，是山区果业发展的新途径，也是旅游发展的新领域。通过发展休闲观光果业，带动乡村交通、餐饮、民宿等服务行业的发展，是提高果业效益、增加果农收入、促进果业向多元化发展的有效途径。发展休闲观光果业符合浙江省委、省政府提出的"物质富裕、精神富有"发展战略，符合浙南山区观光、休闲、养生农业发展战略要求，对推进浙南山区"绿色崛起、科学跨越"具有重要意义。

浙南山区乡村休闲度假旅游以民宿、农家乐为载体，但项目建设存在同质化倾向，侧重依赖餐饮，需要充分发挥果业的休闲观光功能，树立"以果助旅""果旅合一"的开发理念，推行"休闲观光果园＋乡村民宿（农家乐）"融合发展模式，通过产业融合，集聚吃、住、行、游、购、娱旅游六要素，通过在乡村旅游开发区建设休闲观光果业基地，达到吸引游客、留住游客的目的。休闲观光果园为城市居民提供走近农村、亲近自然、体味游园之乐的好去处，增进乡村农民与城市居民之间的交流与沟通，实现城市乡村相互交融，推动城乡一体化进程，共建浙南"大花园"。

随着国内果品生产总量逐年递增，国外进口水果种类和数量也在增多，部分果品已经呈现产能过剩状态，果品营销竞争将会越演越烈，大众化果品销售疲软已经成为果业发展进程中的常态。纵观全局，当下果业发展需要推行供给侧结构性改革，秉持"特色、品质、融合"的发展理念，浙南山区果业发展路径可以归结为三条：一是走节本求效的省力化路径，二是走提质增效的精细化路径，三是走休闲观光的融合化路径。休闲观光果园把消费者引入产地，提供特色水果的采摘体验与感官品尝，就地销售鲜果，这既节省了果品采收、贮运和营销环节的成本开支，规避了水果产后销售风险，也改变了传统果树开发的盈利模式。目前，在我国很多地区已经呈现出果业生产兼顾观光旅游的兼业经营或转型经营，传统果树产业在逐渐摆脱以前那种单一的果品生产经营模式，朝着休闲观光采摘游方向拓展延伸，通过把果园生态景观与山区乡村旅游相配套，结合山区自然生态景观、人文景观或乡村民宿（农家乐），发展赏花、采果、品果休闲观光游，可以进一步提升果业开发附加值。

第二章
浙南山区休闲观光果业区位条件

第一节　浙南山区地域气候环境特点

　　浙南山区在地理位置上处于长三角和海西经济区的交集区，包括浙江省丽水市和温州市的山区部分（永嘉、文成、泰顺三县），共12个县级行政区，地理位置为东经118°42′～120°59′，北纬27°25′～28°57′，区内土地总面积232万 hm²，占浙江全省陆地面积的23.2%。浙南山区拥有群山绵亘的山区地貌，是浙江省重点林区，森林覆盖率80.4%，素有"浙南林海"之誉。12个县（市、区）中有5个名列全国第一次生态环境质量调查结果排序的前10位，是浙江省重要的生态屏障和华东地区自然生态系统的重要组成部分。

　　浙南山区是浙江地势最高的地区，其主峰黄茅尖海拔1 929 m，是浙江最高极，矗立于该区的南北两支山脉呈西南—东北走向，属武夷山系延展山脉，北支由仙霞岭山脉、括苍山脉组成，南支由武夷山支脉延展的洞宫山脉、雁荡山脉组成，山体中海拔1 000 m以上的山峰有3 600余座，群峰构成了绵延起伏的山体屏障，在一定程度上阻挡了北方冷空气的南下、东侵，受海拔梯度差异的影响，区内气候呈现出明显的垂直差异性，全年日照时数1 393～1 507 h，年太阳总辐射359～380 kJ/cm²，年活动积温3 578～5 403 ℃，年降水量1 509～1 896 mm。蔡建池等研究表明，不同海拔梯度热量条件、水分和太阳辐射条件随海拔高度递增呈现规律性变化，海拔高度从 200 m 至 1 200 m，每递增 100 m，年活动积温降低 182.5 ℃，1 月平均气温下降 0.38 ℃，7 月平均气温下降 0.55 ℃，坡地极端最低气温下降 0.59 ℃，开阔地极端最低气温下降 0.48 ℃，盆谷极端最低气温下降 0.42 ℃，年降水量增加 38.7 mm，干燥度降低 0.032，年太阳总辐射降低 2.1 kJ/cm²，年日照时数降低 11.4 h。浙南山区处于亚热带中部，气候特点是四季分明、冬暖春早；降水丰沛、雨热同步；垂直气候、类型多样。本区成土母质以流纹岩、凝灰岩、花岗岩为主，其次为云母片岩、片麻岩，山地土壤以红壤和黄壤为主，红壤分布在海拔 800 m 以下，黄壤分布在红壤之上。

第二节　浙南休闲观光果业区位优势

浙南山区森林植被资源丰富，空气清新，生态环境良好，保持了良好的生态平衡和物种多样性，适宜桃、猕猴桃、蓝莓、樱桃、枇杷、果桑、树莓等多种果树生长发育，可根据不同海拔梯度生态环境特点，发展多层次、多树种的观光果树。

一、浙南山区丰富多变的地形地貌为观光果树开发奠定了基础

浙南山区自然景观资源丰富，包括原始林区、山垄梯田、峡谷盆地、江河湖泊、奇峰异石、土丘傍水、小桥流水等。在休闲观光果园建设中可以很好地利用区域自然生态景观资源，提升整个休闲观光园区的景观效果。

二、浙南山区优越的地域气候环境是生产优质安全果品的前提条件

浙南山区山青水绿，空气清新，负氧离子浓度高，山涧溪流水质优良，森林植被保存完好，无空气、水源和土壤污染问题，并可

利用区域生物多样性制约果树病虫害，具备生产绿色安全果品的前提条件。

浙南山区果树以坡地等高栽植为主，光照条件好，昼夜温差大，有利于果实糖类物质积累。山地较多的紫外光对促进果实着色作用明显，果实发育后期降温能加速叶绿素降解，促进花青素合成。因此，一般山区坡地果实风味更加浓郁、着色更加鲜艳、光泽度更好，有利于果实内在品质形成和外观性状表达。

三、利用浙南山区不同海拔梯度的气候条件实施水果熟期差异化栽培

浙南山区具有显著的立体气候特征，为发展特色果树提供了有利条件和选择空间。该区域海拔高度每递增 100 m 活动积温降低 182.5 ℃。水果生长发育物候期随海拔升高而推迟，同一水果品种在高山种植比在丘陵或平原种植延后成熟，前后可相差 10～20 d。因此，在山区观光果树开发上可以实施果树成熟期差异化栽培，在低海拔地带发展早熟、特早熟类品种，突出成熟早、早采摘的市场优势，在中高海拔地带发展中熟、晚熟类品种，通过果品延后错时上市，避开低海拔地带果品集中上市期，生产反季节时令鲜果。

四、浙南山区中高海拔地带适宜发展对冬季低温需求较高的部分果树品种

浙南山区高山地带活动积温在 3 578～4 855 ℃，低温累积时数在 900 h 以上，部分落叶果树对冬季低温需求要求严格，在低海拔山区及平原地带种植会出现因区域环境不能满足果树的需冷量要求，导致果树不能正常完成自然休眠过程，引起生长发育障碍、花芽分化不良、枝芽萌发不整齐、花器畸形或败育，影响果实的产量和品质，而将同样的果树移至高山地带种植，就能够满足其生长对低温的需求。

第三章
区域特色观光果树种类

　　观光果树资源是区域观光果园建设的基础，浙南山区适宜开发利用的主要观光果树包括桃、猕猴桃、蓝莓、枇杷、杨梅、葡萄、樱桃、果桑、树莓、梨、李、柿等 20 余种，要求优先选用树冠姿态优美、花果色泽艳丽、鲜果风味独特或适宜设施调控栽培的特色果树种质资源。一般来说，水果采摘园要求果树所结的果实在新、奇、特上有亮点，尤其是果实风味品质需高于通常采购的水果，能够激发消费者到产地的直购愿望，而休闲观光园则以休闲度假为主，要求果树资源具有较好的观赏性状或独特性状，对果实风味品质要求次之，能够让消费者在休闲观光园区得到多方面的休闲体验，具有区域特色的干果类或特色野生果树类也可以作为休闲观光园区的观光果树。现对部分特色果树资源的开发利用价值及其品种或优系的性状表现情况进行简述。

第一节　桃

一、桃开发利用价值

　　桃是蔷薇科桃属植物，为浙南山区分布区域最广、采摘时间最长的重要果树。浙南山区在桃生产上具有得天独厚的地域区位优势，处于浙闽丘陵山地桃区的北端，堪称我国优质桃适宜栽培的最南缘地区，该区既不同于以生产软溶质水蜜桃为主的长江流域桃区，也不同于仅能发展短低温需求桃类的华南亚热带桃区，而适宜生产耐贮运的硬质桃类，包括较长低温需求桃类（中高海拔地带）和短低温需求桃类（中低海拔地带），不同熟期桃果成熟上市期从5月延续至9月，鲜桃观赏采摘期长。桃花先开花后长叶，姹紫嫣红，桃果艳丽香浓，景观效果尤为突出，通过开发利用特色桃资源，拓展产业链，可以发展赏花、品果观光采摘游，进一步提升桃的开发附加值。

二、桃主要特色品种及优系

1. 食用桃

(1) 春雪 山东省果树研究所从美国引进。果实长圆形，果顶尖圆，平均果重150 g，初熟时鲜红色，后期果面全紫红色，极易着色。果肉白色，完熟后果肉带红丝，可溶性固形物含量13.0%。硬溶质，风味脆甜，粘核，品质佳。极易成花，自花坐果率高，丰产稳产。果实生育期约65 d，在浙南地区5月中下旬成熟。

(2) 春美 中国农业科学院郑州果树研究所选育。果实椭圆形，果顶圆，两半部较对称，果实较大，单果重156 g，果皮茸毛中等，底色绿白，大部分或全部果面着紫红色，艳丽美观。果肉白色，可溶性固形物含量12.1%，硬溶质，风味甜，汁液中等，品质佳。自花结实，结果性能好。果实生育期约75 d，在浙南地区5月下旬至6月初成熟。

(3) 霞脆 江苏省农业科学院园艺研究所选育。果实近圆形，果顶圆，缝合线明显，两半部较对称，单果重175 g，果面茸毛中多，底色乳白，着玫瑰红色，果肉白色，可溶性固形物含量12.0%，肉质细，纤维少，汁液中，味甜，有香气，粘核，品质佳。自花结实。鲜果可采期长。果实生育期约95 d，在浙南地区6月中下旬成熟。

(4) 中桃5号 中国农业科学院郑州果树研究所选育。果实圆形，单果重210 g，成熟后整个果面着鲜红色，果肉白色，可溶性固形物含量13.6%，风味浓甜，品质优。粘核。花粉多，自花结实能力强，生产上需疏花疏果。在浙南地区果实 7 月上旬成熟。

(5) 夏香姬　安徽省六安市果树研究所从日本引进。果实圆形，缝合线较对称。全面着鲜红色，单果重 206 g。果肉白色，可溶性固溶物含量 13.1%，硬溶质，肉质脆嫩，风味佳。果实耐贮运。自花授粉，结果性能好，生产上需疏花疏果。在浙南地区果实 7 月上中旬成熟。

(6) 黄金蜜 3 号　中国农业科学院郑州果树研究所选育。果实圆形，单果重 195 g，果皮底色浅黄色，绝大部分果面着鲜红色，果肉金黄色，可溶性固形物含量 13.2%，肉质致密，硬溶质，风味浓甜，有香味，粘核，品质优。果实耐贮运。自花授粉，结实能力强，生产上需疏花疏果。在浙南地区果实 7 月上中旬成熟。

(7) 新川中岛　早期从日本引进的品种。果实圆形，单果重 205 g，果顶平，缝合线浅，果实全面鲜红色，果面茸毛少，果肉白色，靠近果核部位果肉呈淡红色，可溶性固形物含量 14.2%，硬溶质，风味浓甜，半粘核，品质极佳。果实耐贮运。新川中岛花粉败育，需配置授粉品种。果实生育期约 110 d，在浙南地区果实 7 月中旬成熟。

(8) 锦绣　上海市农业科学院林果研究所选育。树势强健，树姿开张，果实椭圆形，果顶圆，果形整齐，单果重 200 g，果皮金黄色，向阳处被红晕，果肉橙黄，可溶性固形物含量 14.0%，硬溶质，风味浓郁，香甜可口，纤维少，粘核，品质上。自花授粉，坐果率高，需疏花疏果。果实生育期 130 d，在浙南地区果实 8 月上旬成熟。

(9) 燕红　北京市林业果树研究所选育。树势中强，树姿开张，果实近圆形，果型极大，单果重 210 g，果顶部圆，缝合线不明显，果皮底色绿白，大部分着暗红色晕，茸毛少，果肉白色，近核处果肉稍带红色，果实成熟始期肉质硬脆，成熟后期柔软多汁，可溶性固形物含量 13.5%，风味甘甜，粘核，品质上。果实耐贮运。花粉量多，自花结实性能好。开花期晚，花芽耐寒力较强。在浙南地区果实 7 月下旬至 8 月上旬成熟。该品种在中海拔山区种植更有利于性状表达，注意选地适树。

(10) 迎庆桃 江苏省镇江市地方品种。树势强健，果实长圆形，单果重 190 g，果皮底色绿白，果面白里透红，稍有红晕，果肉白色，近核处果肉红色，硬溶质，果实去皮硬度 12.5 kg/cm²，可溶性固形物含量 13.4%，味浓甜，粘核，品质优。自花授粉，结果性能特好，注意适时疏果，使树体合理负载。在浙南地区果实 8 月中下旬成熟。该品种在中高海拔地带果实性状表现突出。

(11) 其他优系

白如玉：中国农业科学院郑州果树研究所选育。果实近圆形，单果重 185 g，成熟果实纯白色，采取果实套袋可以进一步提升果面光洁度，果肉乳白色，可溶性固形物含量 12.8%，硬溶质，果肉松脆，甘甜爽口，粘核，风味上乘。自花结实性能好，但容易过量坐果，应注意疏花疏果，保持树体合理负载。在丽水山区果实于 7 月上中旬成熟。该品种萌芽、开花较迟，开花时间比燕红桃还迟 1 周左右，不容易受倒春寒危害，既可以在低海拔地带种植，也可以在中海拔梯度区域种植；可以留树分期采摘，观赏采摘期长，采后果肉质地变化慢，耐贮藏运输，适宜开展观光采摘体验活动，可以作为休闲观光果园的特色桃树资源加以利用。

中油 13：中国农业科学院郑州果树研究所选育。树势强健。果实近圆形，单果重 190 g，果实全面浓红色，富光泽。果肉白色，可溶性固形物含量 12.7%，肉质细，硬溶质，脆甜爽口，粘核，品质佳。花粉多，自花结实力强，需要适时疏果，控制树体负载。在浙南地区果实 6 月上中旬成熟。

中油 18：中国农业科学院郑州果树研究所选育。树势强健。果实近圆形，单果重 190 g，外观全红，富光泽，色彩鲜艳。果肉白色，可溶性固形物含量 12.8%，肉质细，硬溶质，脆甜爽口，粘核，品质佳。果实留树时间长，耐贮运。花粉多，自花结实力强。在浙南地区果实 6 月上中旬成熟。

中油金铭：中国农业科学院郑州果树研究所选育。树势强健。果实近圆形，果顶平，全红着色，单果重 200 g。果肉黄色，硬溶质，肉质松脆，可溶性固形物含量 13.2%，风味浓甜，粘核，品质优。花粉多，自花结实力强。在浙南地区果实 6 月上中旬成熟。

中桃 11：中国农业科学院郑州果树研究所选育。果实圆形，果顶微凹，单果重 196 g，果皮底色白，阳面着玫瑰红色。果肉白色，硬溶质，可溶性固溶物含量 13.4%，甘甜爽口，品质佳。花粉多，自花结实力强。在浙南地区果实 7 月上旬成熟。

中油 8 号：中国农业科学院郑州果树研究所选育。树势强健。果实近圆形，果顶圆，单果重 180 g，果皮底色白，果面着玫瑰红色。果肉白色，硬溶质，肉质松脆，可溶性固形物含量 13.6%，风味浓甜，粘核，品质优。不裂果，耐贮运。自花结实性能好，抗逆性较强。在浙南地区果实 8 月上旬成熟。该品种在中海拔地带果实性状表现突出。

2. 观赏桃 观赏桃是指以赏花为主的特色桃树资源，与以食用为目的的果桃相比，观赏桃的花器大小、姿态色泽等观赏性状表现尤为突出。国内桃育种单位现已围绕花期（延长观赏期）、花型（蔷薇型、菊花型）、花色（非常见色泽）、树形（柱形、垂枝形、矮化形等）、叶色（红叶、绿叶）、花果兼用等开展了不同基因型之间的杂交融合，获得了一些观赏性状表现突出的新品系。主要品种（品系）：人面桃花、桃花仙子、红粉佳人、金陵锦桃、玫瑰仙子、丹凤朝阳、阳春白雪、鸳鸯重枝、菊花桃、满天红、芳菲、探春、迎春、报春、元春等，其中满天红、人面桃花、桃花仙子、菊花桃、芳菲等品种已在浙南丽水低海拔地区试种成功，观赏桃可以在民宿（农家乐）周边、休闲观光园区或田园综合体中应用。

(1) 满天红 中国农业科学院郑州果树研究所选育，属赏食兼用型桃品种。花为蔷薇型，花冠大，深红色，着花密集，重瓣，花期持续 18 d，在浙南地区 3 月中下旬开花，果型偏小，单果重 130 g，肉色白，可溶性固形物含量 12%，风味甜，果实 7 月中旬成熟。满天红枝梢节间短，着花紧凑，鲜花盛开时满树红艳，观赏效果佳，可用于插花、盆栽及观光园区。

(2) 菊花桃 中国农业科学院郑州果树研究所选育，花型似菊花，粉红色，重瓣，色彩鲜艳，着花繁密，开花量大，群体效果佳。花期持续 16 d，在浙南地区 3 月中下旬开花。菊花桃属观赏桃花中的珍贵品种。

第二节　猕　猴　桃

一、猕猴桃开发利用价值

猕猴桃是猕猴桃科猕猴桃属植物，为多年生藤本果树，耐修剪，成枝力强，可以通过整枝修剪，培养多种优美树形，叶大平展，叶形独特，花朵艳丽，花色各异，色泽鲜艳，香气浓郁，通常采用棚架栽植，挂果后果实累累，架下空旷，可以供游客近距离参观采摘，空间利用和游客感受非常好。猕猴桃花色艳丽，春暖花开，繁花似锦；叶片大，在炎热的夏季可以形成遮阳浓荫；秋季果实成熟时，挂满棚架的累累硕果十分诱人。

二、猕猴桃主要特色品种

1. **金艳**　中华猕猴桃品种，中国科学院武汉植物园选育。果实圆柱形，平均单果重 102 g，最大果重 141 g，果皮黄褐色，茸毛少，果面光洁。果肉金黄色，晶莹剔透，可溶性固形物含量 16%～18%，细嫩多汁，香气浓郁，风味甘甜，品质上。该品种果实硬度大，耐贮藏，货架期长。在浙南地区果实于 10 月上中旬成熟，可留树保鲜至 11 月上旬。

2. **翠香**　美味猕猴桃品种，原名西猕 9 号，西安市猕猴桃研究所选育。树势强健，叶片大。果实卵形，果喙端较尖，果形整齐，平均单果重 92 g，最大果重 130 g，果皮较厚，黄褐色，被少量的黄褐色短茸毛，易脱落。果肉翠绿色，软熟果可溶性固形物含量 17%以上，质细多汁，香甜爽口，品质上。品种适应性强，基本无日灼果，较抗溃疡病。在浙南地区果实于 8 月下旬至 9 月上旬成熟。

3. **红阳**　中华猕猴桃品种，四川省自然资源科学研究院选育。果实圆柱形，果顶向里凹，果形整齐，平均果重 70 g，最大果重

110 g，果皮绿褐色，光滑无茸毛。果肉黄绿色，果心白色，心部向外呈放射状红色，可溶性固形物含量19.6%，肉质细嫩，汁多味浓，风味浓甜，品质上。果实采后室温下可贮藏7~10 d。红阳不抗溃疡病，抗逆性偏弱，适宜中等海拔高度种植。在浙南地区果实于8月中下旬成熟。

4. **黄金果**　中华猕猴桃品种，又名早金，陕西省农业厅从新西兰引进。树势强健，果实为长卵圆形，顶部有一个"鸟嘴"，皮绿褐色，单果重80~105 g。果实软熟后果肉呈鲜黄色，可溶性固形物含量16%~19%，质细多汁，口感香甜，回味悠长，品质上。果实硬度较大，较耐贮藏。花芽形成能力强，雌花具有芳香味。对溃疡病抗性较弱。在浙南地区果实于9月下旬至10月上旬成熟。

5. **华特**　毛花猕猴桃品种，浙江省农业科学院园艺研究所等单位选育。树势强健，一年生枝灰白色，表面密生灰白色茸毛，老枝褐色，叶片长卵形，叶正面绿色无茸毛，叶背淡绿色。果实长圆柱形，果皮绿褐色，密生灰白色长茸毛。果肉绿色，髓射线明显，果实大，单果重82 g，可溶性固形物含量14.7%，果实酸甜适口，风味佳。适应性广，结果性能好。在浙南地区果实于10月中下旬成熟。

6. **玉玲珑**　玉玲珑又称迷你华特，属毛花猕猴桃品种，浙江省农业科学院园艺研究所等单位选育。该品种生长发育特性与华特猕猴桃相似。果实长圆柱形，小巧玲珑，美观整齐，果重30~40 g，果皮绿褐色，密生灰白色长茸毛。果肉翠绿色，可溶性固形物含量16%~18%，风味浓郁，香甜可口，品质上。玉玲珑花瓣呈浅红色，美观艳丽，具有较高的观赏价值，鲜果在树上成熟后采下即可食用，易剥皮，适用于观光采摘果园。在浙南地区果实于10月中下旬成熟。

第三节　蓝　　莓

一、蓝莓开发利用价值

蓝莓是越橘科越橘属植物，南方地区适宜种植高丛蓝莓和兔眼蓝莓，高丛蓝莓在入冬前落叶，兔眼蓝莓保持常绿，部分品种秋季叶片会变成红色。蓝莓花为总状花序，一般着生在枝条顶部，为钟状花冠，自然下垂，蕾期为淡红色，至开放时大多变为乳白色。果实属蓝色浆果，果实较小，果肉浆状，鲜果可采期长，观赏特性突出，偏矮的树冠适宜开展儿童采摘游活动，适用于观光采摘果园。

二、蓝莓主要特色品种及优系

1. 奥尼尔　奥尼尔属南高丛蓝莓，美国北卡罗来纳州选育。该品种树势强，半开张，分枝较多。果实大粒，单果重 1.8 g，果色暗蓝，果粉中等，果蒂痕小且干，可溶性固形物含量 13.5%，质地硬，香味浓，鲜食风味佳。低温要求时间 350～400 h，开花期早，需防早春霜害。在浙南地区果实于 5 月中旬开始成熟。

2. 布里吉塔　布里吉塔属北高丛蓝莓，澳大利亚农业部维多利亚园艺研究所选育。该品种树势强，树姿直立。果实圆形，果皮亮蓝色，果粉多，果蒂痕小而干，果粒大，单果重 1.7 g，可溶性固形物含量 13.4%，酸甜适口，有浓郁的香气，风味好。果实耐贮性好。低温要求时间 400～600 h，土壤适应性较强。在浙南地区果实于 6 月下旬开始成熟。

3. 薄雾　薄雾属南高丛蓝莓，美国佛罗里达大学选育。该品种树势中等，树姿开张。果粒中大，果蒂痕小而干，单果重 1.6 g，可溶性固形物含量 13.6%，有香味，风味佳。低温要求时间 200～300 h，注意剪枝控花，防控过量坐果。成熟期比奥尼尔品种晚 3～5 d，在浙南地区果实于 5 月下旬开始成熟。

4. 蓝雨　蓝雨属南高丛蓝莓，美国密歇根州立大学选育。该品种树势强健，树姿开张，叶片窄小。果实圆球形，单果重 1.3 g。果色淡蓝，果粉厚，果皮薄，肉质硬，可溶性固形物含量 13.4%，风味浓郁，种子小，口感佳，适合鲜食。该品种抗逆性强，对南方温暖湿润气候环境有较好的适应性。在浙南地区果实于 5 月下旬开始成熟。

5. 莱格西　莱格西属北高丛蓝莓，美国新泽西州选育。该品种树姿直立，分枝多。果实扁圆形，单果重 1.6 g，果蒂痕小且干，果色淡蓝，果粉厚，质地硬，可溶性固形物含量 13.2%，有清淡芳香，果实甜中带酸，鲜食风味佳。该品种内膛结果多，丰产性好，果穗松散，采收容易，果实耐贮运。成熟期比薄雾品种晚 3～5 d，在浙南地区果实于 6 月初开始成熟。

6. **蓝莓优系** 浙江师范大学等单位从各地收集的蓝莓种质资源中选出实大优系和爱美瑞优系，经选育单位观察，两个优系均具有果实大、着色好、品质佳等特点，感兴趣的可向选育单位引种试种。

第四节 樱 桃

一、樱桃开发利用价值

樱桃为蔷薇科李属樱亚属的落叶果树。鲜食樱桃主要指中国樱桃和欧洲甜樱桃，中国樱桃原产于我国长江流域，适应温暖湿润的气候环境，南方地区适宜种植中国樱桃类品种。樱桃果实发育期短，果实成熟早，鲜果晶莹如珠、艳丽夺目、香甜可口，具有很好的开发利用价值。

二、樱桃主要特色品种及优系

1. **黑珍珠** 黑珍珠又称乌皮樱桃，属中国樱桃类，由重庆市巴南区从大红袍樱桃株系中选育。树势强健，树姿开张。果实圆形，单果重 3.5 g，果皮紫红色，富光泽，果皮稍厚，耐贮运，果肉淡黄色，可溶性固形物含量 13.5%～14%，肉质细嫩，味浓甜，有香气，半离核，品质上。该品种花芽易形成，抗逆性强，适应性好。在浙南地区果实于 4 月下旬成熟。

2. **诸暨短柄** 诸暨短柄属中国樱桃类，浙江诸暨地方品种。树势强健，树冠圆头形，树姿开张，叶片卵圆形，叶色深绿。果实扁圆形，果面底色浅黄，成熟果为鲜红色，果柄短粗，长 1.5～2 cm，果实中等大，单果重 2.8 g。果肉黄白色，可溶性固形物含量 13.8%，肉质细，柔软多汁，酸甜适度，具微香，半离核，品质上。该品种自花结实性好，适应性强。成熟期比黑珍珠提早 6～7 d，在浙南地区果实于 4 月中下旬成熟。

3. **甜樱桃优系**　南方地区气候特点温暖湿润，需要选择适宜的甜樱桃品种及砧木，采用避雨设施栽培及其配套技术。浙江省浦江县长丰果园种植有限公司、浦江县农业局等单位从引进的甜樱桃种质资源中选出 04-8、5-106、长丰 1 号、红蜜等优系，具有果实大、着色好、酸甜适口、风味佳等特点，感兴趣的可向选育单位引种试种。

第五节　果　　桑

一、果桑开发利用价值

果桑也称桑葚，桑科桑属落叶果树。树势强健，树皮灰白色，单叶互生，叶片宽卵形，边缘有粗锯齿。桑果是一种聚合果，老熟时多数呈紫黑色，富光泽，汁多味甜。果桑萌蘖能力强，耐修剪，抗逆性好，适应性广。串串桑葚挂满枝条，与绿叶相映成趣，十分吸引眼球，适用于观光采摘园建设。

二、果桑主要特色品种

1. **无籽大十**　无籽大十属三倍体早熟果桑品种，由广东省农业科学院选育。树姿开展，枝条细直，发条数多，皮青灰色至淡褐色，皮孔圆或椭圆形；冬芽三角形，淡棕色，副芽大而多；叶心脏形，较平展，翠绿色，叶尖长尾状，叶缘锐齿，叶基心形，叶面光滑微皱，叶较大。单芽坐果数 5 粒，果实圆筒形，果长 3～6 cm，果径 1.3～2.0 cm，单果重 3.0～5.0 g，紫黑色，可溶性固形物含量 13%～16%，汁多味甜，无籽，品质上。无籽大十极易形成花芽，丰产性好。在浙南地区果实于 4 月中旬开始成熟，可采期长达 20～25 d。

注意：①发芽早，2 月上旬开始发芽，易遭倒春寒危害。②花果期遇多雨高湿环境，会遭受菌核病侵害。③果实不耐贮运。④始熟期和末期隔天采果一次，盛熟期天天采果。

2. **长果桑** 长果桑也称台湾长果桑，从台湾引进。树势强健，生长旺盛，叶片超大。果形细长，果长 8～12 cm，果径 0.5～0.9 cm，果实初期为绿色，后期呈紫红色，外观漂亮，糖度极高，可溶性固形物含量 18％～20％，口感甘甜，品质上。在浙南地区果实于 4 月下旬开始成熟。该品种是果桑中的特色品种，抗病性能好，表现抗菌核病和白粉病。

注意：①挂果后应及时摘心控梢，抑制营养生长。②要求在果实刚开始由红色转紫红色时采摘，过熟采摘易掉果。

3. **白玉王** 白玉王系四倍体中熟果桑品种，陕西省蚕桑研究所选育。树姿开张，枝条细直，叶片较小。花芽易形成，单芽果数 5～7 个，果实长筒形，果长 3.5～4.0 cm，果径 1.5 cm，单果重 3～4 g，果实乳白色，可溶性固形物含量 15％～17％，果汁多，甜味浓，品质上。该品种适应性强，耐寒性好。在浙南地区果实于 4 月底开始成熟，可采期长达 20～25 d。

第六节 枇 杷

一、枇杷开发利用价值

枇杷是蔷薇科枇杷属植物，原产我国东南部。枇杷叶大荫浓，四季常绿，在秋冬开花，果实在初夏成熟，是优良的常绿果树。采用枇杷花制作的枇杷花茶，清香甘爽，含有维生素及三萜皂苷等多种成分，具有化痰止咳、清火解热等保健功能。

二、枇杷主要特色品种

1. **宁海白** 宁海白系白砂枇杷品种，浙江省宁海县农业局选育。该品种树势强健，树姿开张，叶片倒披针形，先端渐尖，基部楔形，叶缘上部锯齿深，下部全缘。花瓣淡黄白色，果实长圆形，单果重 31～40 g，果皮淡黄白色，皮薄，易剥皮，果肉乳白色，可溶性固形物含量 14.6%，风味浓郁，肉质细腻，富有香气，单果种子 2.5 粒，品质上。在浙南地区果实于 5 月下旬成熟。在果实成熟期遇多雨天气会有裂果现象，建议采用设施避雨栽培，提高商品果率。

2. **太平白**　太平白系白砂枇杷优系，浙江省丽水市莲都区太平乡地方资源。树势中庸，树姿较直立，果柄弧状弯曲，果实近圆形，果顶平，果面茸毛较厚，呈橙黄色，果皮中等，果肉黄白色，单果重 21～27 g，种子 2.2 粒，种子小，可溶性固形物含量 14.5%，肉质细嫩，汁多味甜，品质上。该品种适应性强，抗逆性好，不裂果，果面洁净，果锈少，丰产性好。在浙南地区果实于 5 月中旬成熟。

3. **太平红**　太平红系红砂枇杷优系，浙江省丽水市莲都区太平乡地方资源。树势中庸，树姿开展，叶色浓绿，果形大，平均单果重 32.8 g，果长圆形，果皮较厚，橙红色，着色佳。果肉橙红色，肉厚，可溶性固形物含量 14.3%，质细稍硬，味鲜甜，种子多数 1 粒，品质上。该品种抗性好，果面洁净，果锈少，不裂果，商品果率高。在浙南地区果实于 5 月下旬成熟。

第七节　杨　　梅

一、杨梅开发利用价值

杨梅是杨梅科杨梅属常绿果树，树冠呈自然圆头形，树皮灰褐色，枝繁叶茂，单叶互生，叶色浓绿，果实色彩纷呈，有鲜红、紫红、紫黑或洁白，夏季绿叶丛中红果累累，十分美观。杨梅鲜果甜酸适口，风味独特，适用于观光采摘园开展形式多样的游梅园采鲜果活动。

二、杨梅主要特色品种

1. **荸荠种**　荸荠种杨梅树势中庸，枝条直立性强。果实扁圆，形似荸荠故名，紫黑色，单果重 10.7 g，核小，肉质细，汁多，可溶性固形物含量 12.5%～14%，风味浓甜，适口性强，品质上，果实自然落果少，也不易被风吹落，本种适应性强，耐瘠薄，丰产稳产。在浙南地区果实于 6 月上中旬成熟。

2. **东魁**　东魁杨梅树势强健，树冠高大，叶大，叶缘波状。果实高圆形，充分成熟时紫红色，果形特大，单果重 20～25 g，肉质稍粗，可溶性固形物含量 12%～15%，汁多味浓，甜酸适口，品质上。该品种果柄固着力强，成熟时不易落果。在浙南地区果实于 6 月中下旬成熟。

3. **早佳**　早佳杨梅属早熟乌梅类杨梅新品种，系浙江省农业科学院园艺研究所与兰溪市农林局从兰溪马涧荸荠种杨梅变异优株选育。果实近圆球形，单果量 12.7 g，果面紫黑色，果蒂色泽黄绿，肉柱圆钝，质地稍硬，可溶性固形物含量 11.4%，风味较浓，酸甜适中，果核小，品质中上。树体矮化，早果性好，抗逆性强。该品种果实生育期 48 d，比荸荠种提早 5～6 d，在浙南地区果实于5 月底至 6 月初成熟。

4. **黑晶**　黑晶杨梅属乌梅类大果型品种，系浙江省农业科学院园艺研究所、温岭市农林局等单位从温岭大梅实生变异株系选育。树势中庸，树姿开张。果实圆形，单果重 17.0 g，蒂部突起处呈红色，完熟时果面呈紫黑色，光泽度好，果面具纵沟，肉柱先端圆钝，肉质柔软可口，汁液多，风味佳。在浙南地区果实于 6 月中旬成熟。

第八节　柑　　橘

一、柑橘开发利用价值

柑橘属芸香科柑橘亚科植物，种类繁多，存在很多变种、杂种，包括极早熟、早熟、中熟、晚熟等不同熟期品种，橘花芳香浓郁，结合设施栽培橘果可以提前或延后上市，观光采摘期长，部分特色品种适宜用于休闲观光果园建设。

二、柑橘主要特色品种

1. **宫川**　宫川属早熟温州蜜柑品种，日本选育。树势中等，树冠紧凑，枝条短密。果实扁圆形，顶部宽广，果面光滑，果皮橙黄至橙红色，皮较薄，单果重55～125g。果肉橙红色，细嫩化渣，可溶性固形物含量12%～17%，味浓甜，无籽，品质上。结果性好，适应性强。在浙南地区10月上旬鲜果可采摘上市。该品种适宜采取设施延后完熟栽培，生产高档精品果，要求分批采摘、分级包装。

2. 由良 由良是宫川温州蜜柑芽变品种，日本选育。树势中等，树姿开张。果扁圆形，果皮橙黄色，光泽度好，单果重55～125g。果肉橙红色，化渣性好，果肉脆嫩，可溶性固形物含量12%～17%，味浓甜，减酸早，无籽，品质上。结果性好，适应性强。在浙南地区9月中旬鲜果可采摘上市。该品种适宜生产高品质鲜果，要求分批采摘、分级包装。

3. 南丰蜜橘 南丰蜜橘又称金钱蜜橘，江西省南丰县地方良种。树势中等，树冠较大，叶片较小。果形扁圆，单果重30g，果皮薄，橙黄色有光泽。油胞小，囊瓣7～10片，近肾形，囊衣薄，汁泡橙黄色，柔软多汁，可溶性固形物含量12%～16%，香甜适口，种子1～3粒或无，品质佳。南丰蜜橘分大果系和小果系，其中杨小2-6株系是小果系中风味特佳的株系，果小汁多，肉质脆嫩，少渣无核，香味浓郁，也称金钱蜜橘。在浙南地区果实于11月上中旬成熟。

4. 脆皮金橘 脆皮金橘是特色金橘品种，由广西柳州市农业科学研究所选育。树势强健，以6月上中旬开放的第一批花和7月中下旬开放的第二批花有经济价值，第三至第四批花也会结果，但果小质差。果实长椭圆形，单果重12～15g，最大果重40g，幼果墨绿色，成熟时橙黄色，果皮极光滑，油胞稀少，可带皮食用，皮脆。果肉香甜，无辛辣味，可溶性固形物含量18%～21%，品质上。该品种病害少，成年树对疮痂病、溃疡病、炭疽病抗性强。在浙南地区果实从11月上旬开始陆续成熟，可采期长。

5. 红美人 红美人属杂柑品种，原名爱媛28，亲本为南香×天草，日本选育。树势中等，幼树较直立，结果后开张。单果重

200 g，果实球形，果皮橙红色，较光滑，易剥皮。果肉橙色，柔软多汁，囊衣薄，可溶性固形物含量 13％以上，糖度高，减酸早，化渣性极好，有香气，无核，风味特佳。在浙南地区果实于 11 月下旬成熟。该品种适宜采用设施栽培，需要精细管理。

6. **春香** 春香属橘柚类杂柑品种，系日向夏自然杂交后代杂种，日本选育。树势较旺，多刺，叶略内卷。果实外观独特，扁球形，果重 220 g，果皮呈柠檬黄色，果顶有圈痕，果皮粗厚，光泽度好，易剥离。果肉可溶性固形物含量 11％～13％，酸度低，减酸快，口感甘甜脆爽，芳香诱人，无籽或少籽，品质极上。在浙南山区果实于 12 月上中旬成熟。该品种极耐贮藏，贮后风味不减。要求采用设施栽培，实施精细管理。

7. **甜橘柚** 甜橘柚属橘柚类杂柑品种，亲本为上田温州蜜柑×八朔，日本选育。树势强健，树冠圆头形，枝上有小刺，以有叶结果枝为主。果实扁圆形，整齐端庄，单果重 230 g，果皮橙黄色，果面不太光滑，剥皮略难。果肉橙黄色，柔软多汁，可溶性固形物含量 12％～14％，酸含量极低，糖酸比值高，甘甜爽口，有香气，无籽或极少籽，品质上。该品种产量高，果实耐贮运。在浙南地区果实于 11 月底至 12 月上旬成熟。甜橘柚对热量条件要求高，建议选择南部山区地域小气候环境。

8. **丽椪 2 号** 丽椪 2 号系无籽椪柑品种，由浙江省丽水市农业科学院园艺研究所选育。树势强健，多为有叶单顶花。果实高扁圆形，单果重 140 g，果顶圆润，油胞明显，蒂部有放射状沟纹，果皮橙黄色，易剥离。囊瓣长肾形，囊壁薄，汁胞橙红色，可溶性固形物含量 12％～14％，比普通椪柑高 10％～15％，肉质脆嫩，汁多化渣，风味浓甜，无籽或极少籽，品质上。该品种花粉退化，胚囊败育，无籽性状稳定，无籽率达 98％以上。在浙南地区果实于 11 月底至 12 月初成熟。

9. **红肉蜜柚** 红肉蜜柚系红柚品种，由福建省农业科学院果树研究所选育。该品种幼树较直立，树冠圆头形。果实倒卵圆形，平均单果重 1 880 g，果皮黄绿色，果面较粗，皮薄。果肉浅紫红色，可溶性固形物含量 11.6%，酸甜适口，品质上等。自花结实率高，表现为早熟，在浙南地区果实于 10 月上中旬成熟。柚类品种抗寒性差，要求选择低海拔温暖地带种植。

10. 翡翠柚　翡翠柚系特色柚品种，由浙江省丽水市林业科学院果树研究所选育。该品种树势强健，树冠圆头形。果实近圆形，果顶平或微凹，单果重 700～1 000 g，果皮浅绿色，油胞粗密，果皮较厚，种子较多。果肉翠绿，可溶性固形物含量 12%，脆嫩化渣，香甜爽口，品质上等。果实极耐贮藏。在浙南地区果实于 11 月上旬成熟。柚类品种抗寒性差，要求选择低海拔温暖地带种植。

第九节　葡　　萄

一、葡萄开发利用价值

葡萄是葡萄科葡萄属落叶藤本果树。掌状叶，圆锥花序，浆果色泽丰富多彩，有深红色、粉红色、紫红色、紫黑色、黄白色、黄绿色、绿色等，果粒形状变化多端，有圆形、椭圆形、短椭圆形、长椭圆形、短圆柱形、美人指形等，通过不同熟期品种搭配种植，可采期长达 4～5 个月。特色葡萄适用于建设观光采摘园。在休闲观光园区，可选择抗逆性强、观赏性好的品种建设葡萄廊道。

二、葡萄主要特色品种

1. 夏黑　夏黑属欧美杂种，原产日本。树势强健。果穗圆锥形，无副穗，果粒着生紧密，果粒近圆形，紫黑色至蓝黑色，易着色，穗重 415 g，粒重 3～3.5 g（赤霉素处理后，粒重 7.5 g，穗重 608 g），果粉厚。果肉硬脆，无肉囊，可溶性固形物含量 19%，味浓甜，有草莓香味，无种子，品质上。鲜果可采期长，可实施二次结果，持续开展观光采摘活动。夏黑葡萄是一个早熟、丰产、含糖高、口感好、易着色、耐贮运的优良品种。在浙南地区果实于 7 月下旬成熟。

2. 醉金香　醉金香是四倍体欧美杂种，亲本为沈阳玫瑰×巨峰，由辽宁农业科学院园艺研究所选育。果穗圆锥形，大穗，中度紧密，穗重 800 g，果粒倒卵圆形，呈金黄色，粒重 12 g，最大粒重 19.1 g，果皮薄，易剥离。果肉黄绿色，可溶性固形物在 18% 以上，风味浓郁，具有茉莉香味，软硬适度，适口性好，品质上。鲜果可采期长，适宜延后完熟采摘。花芽分化好，易丰产、稳产，抗病性较强。在浙南地区果实于 7 月下旬成熟。

3. **巨玫瑰**　巨玫瑰是四倍体欧美杂种，亲本为玫瑰香×巨峰，由大连市农业科学院选育。果穗圆锥形，穗重 675 g，最大穗重 1 150 g，粒重 8.6 g，最大粒重 15 g，果皮紫红色，中等厚，着色好。果肉与种子易分离，可溶性固形物含量 18%~20%，肉较脆，汁液多，无肉囊，具有浓郁的玫瑰香味，品质上。每果粒有种子 1~3 粒。果实成熟后不裂果，不脱粒，耐贮运。耐高温多湿，抗葡萄白腐病和葡萄霜霉病。在浙南地区果实于 7 月下旬成熟。

4. **阳光玫瑰**　阳光玫瑰又名夏音马斯卡特，是从日本引进的欧美杂种，亲本为安芸津 21×白南。该品种树势强健，叶片大，浅 5 裂，叶柄长，浅红色。果穗圆锥形，穗重 600 g 以上，最大 1 800 g。果粒为椭圆形，重 10~12 g，果皮呈黄绿色，不易剥离，果粒光泽度好，可溶性固形物含量 20%，肉质脆，有玫瑰香味，品质上。果皮较厚，不裂果。耐贮运。成熟后在树上挂果时间长。在浙南地区果实于 8 月中旬成熟。

5. **金手指**　金手指属欧美杂种，原产日本。果穗巨大，长圆锥形，松紧适度，平均穗重 750 g，最大穗重 1 500 g。果粒形状奇特，长椭圆形，呈弓状弯曲，黄白色，平均粒重 8 g，用生长调节剂处理可增加粒重。果皮中等厚，不裂果，可溶性固形物含量 20%，果肉较硬，风味浓郁，甘甜爽口，品质上。果柄与果粒结合牢固，耐贮运。在浙南地区果实于 8 月中下旬成熟。

6. **白罗莎里奥**　白罗莎里奥属欧亚种，原产日本。该品种果穗圆锥形，重 500~1 000 g，最大穗重 2 500 g。果粒椭圆形，着生整齐，成熟果实为黄绿色，粒重 7~10 g。可溶性固形物含量 20%，风味甘甜，品质上。鲜果可采期长，可延后至 11 月采摘，适用于休闲观光果园开发。在浙南地区果实于 8 月底到 9 月初成熟。

7. 刺葡萄 刺葡萄是葡萄科葡萄属下的一个变种，属野生葡萄资源，在浙南山区广为分布。藤蔓小枝附皮刺，叶椭圆形，先端尾尖，基部心形，叶缘不分裂，两面无毛，网脉明显，圆锥花序与叶对生。浆果球形，直径 1.1～2.5 cm，成熟后紫黑色。果实可用于酿制葡萄酒。在浙南地区果实于 8 月成熟。刺葡萄适应温暖湿润气候环境，对葡萄病虫害抗性强，可用于休闲观光园区的廊架绿化。

第十节 梨

一、梨开发利用价值

梨是蔷薇科梨属落叶果树，梨花洁白芬芳，早春竞相怒放，规模化梨产业基地可以在梨树开花期举办梨花节。每当夏秋时节，梨果挂满枝头，丰收景象喜人，梨果形态多样，果色亮丽美观，风味香甜可口，适用于观光采摘园。

二、梨主要特色品种

1. 云和雪梨 浙江省云和县地方品种。树势强健，成枝力强，果实近圆形，果特大，平均单果重 498 g，最大单果重 800 g，果心小，果皮黄绿色，上有黄褐色斑点，果肉白色，可溶性固形物含量 13.1%，肉质细脆，汁液丰富，甘甜爽口，品质上。在浙南地区果实于 9 月中旬开始成熟，过早采摘会导致果实带涩味，风味欠佳。该品种适宜种植在海拔 300～800 m 的中高海拔地带。云和雪梨具四大突出优点：果实大、风味佳、成熟晚、耐贮藏，适用于观光采摘果园。

2. 翠玉 浙江省农业科学院园艺研究所选育品种，亲本为西子绿×翠冠。树势强健，树姿较直立，叶色浓绿。果实圆形，果大，平均单果重 257 g，果皮淡绿色，均匀一致，果点极小，果面具蜡质，无锈斑且光滑，可溶性固形物含量 12.7%，果肉细嫩，肉质松脆，汁多味甜，品质优。在浙南地区果实于 7 月上旬成熟。翠玉梨花芽极易形成，果实留树采摘期长，并具有成熟早、外观美、果实大等特点，适用于观光采摘园。

3. **翠冠**　浙江省农业科学院园艺研究所选育品种，亲本为幸水×（新世纪×杭青）。果实近圆形，果形大，平均单果重 230 g，果皮光滑，底色暗绿，易发生锈斑，套袋后可明显改善外观。果心小，果肉白色，可溶性固形物含量 13.5%，肉质细嫩松脆，汁液丰富，风味浓甜。在浙南地区果实于 7 月中旬成熟。翠冠梨成花容易，丰产性好，具有品质佳、成熟早、产量高的特点，适用于精品梨生产。

4. **早酥红梨**　西北农林科技大学园艺学院选育。树势强健，幼叶紫红色，成熟叶绿色。每花序 6～8 朵花，花蕾粉红色。花药紫红色。果实卵圆形，具有棱状突起，平均单果重 250 g，幼果全红，成熟果条红，红黄色相间，果面光滑，有光泽，果梗较长，果皮薄脆。果心较小，果肉白色，可溶性固形物含量 12.3%，肉质细，酥脆爽口，汁液多，味甜略带微酸，品质佳。该品种对冬季低温有一定需求，园地宜选择中等海拔地带。果实成熟期约在 7 月中旬。早酥红梨红色花果亮眼，观赏性状突出，可作为休闲观光果园的花色品种。

第十一节　李

一、李开发利用价值

李为蔷薇科李属落叶果树，树冠广圆形，李花通常 3 朵并生，花瓣白色，果实近球形或心形，饱满圆润，果皮呈红色、黄色或紫色等，外被蜡粉，形态美艳。李资源种类丰富，除各种食用李外，还有紫叶李等观赏李类型，具有很高的观赏价值。

二、李主要特色品种

1. **桃形李**　产于浙江，分为嵊州桃形李和浦江桃形李，果形独特，形状似桃，果面紫红色或青黄色，被白色蜡粉，单果重40～75 g。果肉红色或黄色，肉质松脆，可溶性固形物含量13%，风味浓郁，酸甜适口，半离核，品质佳。结果性能好，自花结实力强。在浙南地区果实于7月底至8月上旬成熟。注意防控花期低温多雨对坐果的影响，同时，果实发育后期品质提升快，要求待果实达到可采成熟度后再采摘。

2. 秋姬李 秋姬李属晚熟李品种，从日本引进。树势强健，分枝力强，叶片椭圆形，新梢紫红色。果实长圆形，缝合线明显，果皮底色黄，着鲜紫红色，具黄色果点，被白色果粉，单果重120 g。果肉橙黄色，可溶性固形物含量13.2%，肉质细嫩，风味浓甜，具香味，离核，品质佳。果实硬度大，耐贮藏。秋姬李自花结实能力低，需配置花期一致的授粉品种。在浙南地区果实于8月中下旬成熟。

第十二节　柿

一、柿开发利用价值

柿为柿树科柿属果树，树体高大，树姿开展，夏季叶厚浓绿，秋季果艳叶红，冬季红果满枝，季相变化明显，色彩亮丽诱人。柿子果实形状变化多样，可分为方柿、长柿、圆柿和尖柿等，其中花扁柿、磨盘柿、黑柿等特色品种具有很高的观赏价值。

二、柿主要特色品种

1. 花扁柿 花扁柿属涩柿类，浙南山区乡土树种，分布于浙江缙云、莲都、青田等地。树势中等，树冠圆头形。果实扁方形，单果重190 g，果面蜡黄色，果顶平下凹，柿蒂方形。果实软熟后橙红色，可溶性固形物含量16%，汁液多，味香甜，种子无或极少，品质上。果实极易脱涩，适宜鲜食。在浙南地区果实于10月下旬成熟。

2. 金枣柿 金枣柿属涩柿类，浙南山区乡土树种，分布于浙江松阳、龙泉、缙云等地。树势中等，树姿开张。果实椭圆形，单果重 25 g，硬熟期金黄色，软化后橙红色，种子无或极少，果实脱涩后甘甜酥嫩。适用于制作小柿饼。在浙南地区果实于 11 月上旬成熟。

3. **富有甜柿**　富有属甜柿类，原产日本。树势强健。果实扁圆形，单果重 250 g，果皮红黄色，完熟后呈浓红色。果实无须后熟，采摘下来即可食用，果肉柔软致密，风味甘甜。种核 2～3 个。在浙南地区果实于 10 月下旬成熟。生产上需要配置授粉品种。

第十三节　石　　榴

一、石榴开发利用价值

石榴是石榴科石榴属落叶果树，树姿舒展美观，花朵红火亮丽，果实外形独特，色泽艳丽多彩，籽粒晶莹透亮，风味酸甜可口，石榴在休闲观光园区具有很好的开发利用价值。

二、石榴主要特色品种

1. **枣选 1 号**　枣选 1 号属软籽石榴的芽变品种，由山东省枣庄市市中区林业局等单位选育。产地表现：果实圆球形，单果重 386 g，果皮 2/3 着红色，向阳面呈鲜红色，萼片 6 裂反卷，百粒重 57.3 g，籽粒大，可溶性固形物含量 15.8%，籽软可食，品质优。果实生育期 110 d，9 月下旬果实成熟。该品种果实耐贮藏，能自花授粉，但配置授粉树可进一步提高坐果率。

2. **枣选 3 号**　枣选 3 号系山东枣庄地方石榴的芽变品种，由山东省枣庄市市中区林业局等单位选育。产地表现：果实圆球形，单果重 424 g，果面全着鲜红色，萼筒开张，百粒重 51.9 g，籽粒略带红色，可溶性固形物含量 15.8%，籽软可食，品质上。果实生育期 115 d，9 月下旬果实成熟。该品种果实较耐贮藏，能自花授粉，但配置授粉树可进一步提高坐果率。

第十四节　香　　榧

一、香榧开发利用价值

香榧为紫杉科榧属常绿果树，系第三纪孑遗植物，主要生长在我国长江以南地区，以浙江枫桥香榧最负盛名。树姿优美，侧枝发达，枝繁叶茂，枝叶常青，细叶婆娑，有性繁殖周期约 29 个月，观果期长，对病虫害抗性强，非常富有观赏价值。香榧果实营养价值高，属干果中的珍品。

二、香榧主要特色品种

1. **细榧**　细榧又名香榧。树冠自然开心形，树皮黑褐色，叶片披针形，叶色浓绿。榧果长倒卵形，顶端肥大而基部略尖，重约 5 g，果壳薄，黄褐色，顶端有 2 个对称而突起的分泌道残留孔，俗称榧眼。种子为长尖状倒卵形，重 1.9～2.4 g，种仁饱满，黄白色，富含特有香气。在浙南地区果实于 9 月上旬成熟。

2. **芝麻榧**　芝麻榧中以细芝麻榧品质最佳，仅次于细榧，产于诸暨、嵊州、绍兴、东阳等地。果实长椭圆形，重 4～5 g，种子形似细榧，纵条纹较浅，种仁充实。在浙南地区果实于 9 月上旬成熟。

第十五节　草　　莓

一、草莓开发利用价值

草莓是蔷薇科草莓属多年生草本，叶绿、花白（近年来选育出红花品种）、果艳，株型观赏性好，果实形状独特，甜美可口。草莓具有生长周期短、果实上市早、鲜果可采期长等特点，是观光采摘园最适宜的果品种类之一。

二、草莓主要特色品种

1. **红颜**　红颜又称红颊，亲本为章姬×幸香，从日本引进的草莓品种。生长势强。果实圆锥形，单果重 26 g，果面鲜红色，富有光泽，可溶性固形物含量 11.8%，肉质细密，香甜可口，果实硬度中等，较耐贮运。新茎分枝多，连续结果能力强，丰产性好。红颜外观美，香味浓，口感好，品质佳，适用于观光采摘园。

2. **章姬** 章姬又称甜宝，亲本为久能早生×女峰，从日本引进的草莓品种。生长势强，果实长圆锥形，单果重 16 g，果面绯红色，富有光泽，可溶性固形物含量 12%，果肉细嫩，香甜可口，连续结果能力强，丰产性好。唯果实硬度偏低，不耐贮运，适用于观光采摘园。

3. **越心** 越心亲本为（卡麦罗莎×章姬）×幸香，浙江省农业科学院园艺研究所选育。生长势中等，果实短圆锥形，单果重 14.7 g，果面浅红色，光泽强度好，髓心淡红色、无空洞，可溶性固形物含量 12.2%，甜酸适口，风味香甜。侧枝抽生能力强，叶片小且较直立，易坐果，畸形果少，抗病性较强，易丰产稳产。成熟期较红颜品种提早 7～10 d，与章姬品种相近。果实表皮稍薄，适用于观光采摘园。

4. **越丽** 越丽亲本为红颜×幸香，浙江省农业科学院园艺研究所选育。生长势中等，株型紧凑，果实圆锥形，单果重 17.8 g，果面鲜红色，具光泽，髓心淡红色、无空洞，可溶性固形物含量 12.0%，甜酸适口，风味浓郁，果实硬度中等。易感炭疽病、灰霉病，抗白粉病。果实成熟期与红颜品种相近，适用于观光采摘园。

近年来选育的白色果实品种（如北京市林业果树研究所选育的白雪公主），在一些地区反映良好，丰富了观光采摘的选择性。

第十六节　野生果树

一、野生果树开发利用价值

浙南山区野生果树资源十分丰富，主要种类有掌叶覆盆子、南烛、南山楂、三叶木通、君迁子、胡颓子、金樱子、南五味子、尖嘴林檎、麻梨、野柿、枳椇、苦槠、酸枣、地稔等。乡土野生果树资源具有区域适应性强，抗病虫危害等特点，可以从中选择观赏性状突出、鲜食品质较好的资源类型进行驯化种植。

二、野生果树主要特色资源

1. **掌叶覆盆子**　掌叶覆盆子是蔷薇科悬钩子属植物，别名华东覆盆子、大号角公等。原产于浙南山区及周边地带的代表性树莓种类，分布在树林边缘或疏林中，以及山坡土壤较湿润的地方。掌叶覆盆子可成片栽植于观光果树种植小区，亦可丛植于园地边缘，富有山林野趣。掌叶覆盆子枝干具刺，叶片基部心形，边缘掌状深裂，萼筒毛较稀，花瓣白色。果实长圆形，橙红色，密被灰白色柔毛，单果重 7.1 g，风味浓郁，香甜，品质佳。在浙南地区果实于 4 月底开始成熟，持续至 5 月上旬。

掌叶覆盆子分蘖力极强，目前南方地区均从当地野生资源中筛选优系，通过根蘖繁育种苗种植。掌叶覆盆子优系既可药用也可食用，药用采摘时间早，食用采摘时间迟。

一是绿果药用：当果实由浅绿变绿黄时采摘嫩果，除去果梗和叶片，置沸水中快速浸烫，然后取出干燥，即成中药覆盆子。

二是红果食用：覆盆子的果实是一种聚合果，当果肉呈深红色时，则可采摘食用，风味浓郁，香甜可口。

2. **南烛**　南烛是杜鹃花科越橘属常绿灌木，又名乌饭树。幼枝有灰褐色细柔毛，叶狭椭圆形，顶端急尖，边缘具有稀疏锯齿，有光泽。总状花序，花冠呈铃形，花瓣基部联合，外缘 4 或 5 裂。果实球形，单果重 0.3～0.8 g，果面初期为青绿色，逐渐转为淡红色，成熟时紫黑色，被白粉。南烛是浙南山区乡土树种，适应性强，可高位嫁接特色蓝莓品种。在浙南地区果实于 10 月下旬开始陆续成熟。

第四章
观光果树开发基础条件

第一节　开发主体

　　发展休闲观光果业投资主体是关键，应该把开发投资主体培育作为发展休闲观光果业的重要工作内容。引导工商资本、社会资本以独资、合作、联营、参股等多种形式参与休闲观光果业开发和经营，农村经济组织也可以集体土地、农民以土地承包经营权与企业合作开发，建立农业企业、农民专业合作社或家庭农场等开发主体，实行适度规模经营，实现经营主体与农民利益互利共赢，架起一家一户小生产与休闲观光旅游大市场之间的衔接桥梁，把家庭式的小生产与社会化大生产对接起来，使农民家庭个体与有关经济组织形成共同体，变分散经营为适度规模经营，提高山区休闲观光果业开发的集约经营水平。投资主体运作模式分为三种：一是"企业＋农户"型，企业投入力度大，技术力量强，便于开展标准化生产，产品质量可控，产业化链条完善，但有待与农户建立"风险共担、利益共享"的利益分配机制；二是"合作社＋农户"型，合作社是农民自己的组织，容易建立"风险共担、利益共享"的利益分配机制，但资金、技术、人才缺乏，服务功能有待拓展，服务能力有待提高，内部管理有待规范；三是"企业＋合作社＋农户"型，这种模式吸收了前面两种类型的优点，克服了不足之处，适用于适度规模休闲观光果业项目开发。

第二节　区域特点

生态休闲农业应以区域综合农业资源与地理空间环境要素为依据，构建生态休闲养生农业发展主线，浙南山区休闲观光果业应与区域生态休闲养生农业总体空间布局相衔接，主动融入浙南山区丰富多彩的森林、水体及高山资源之中。在具体区域位置上可以优先选择以下类型：

一、城市与郊区的结合部及其延伸地带

城市与郊区的结合部及其延伸地带由于受城市化建设的辐射影响，基础设施较好，已有一批以"农家乐"为主题的休闲农庄，目前这类农庄普遍存在活动内容单一、难以吸引游客的现实问题，这类地带适宜配套建设观光果树采摘园类项目，在果树挂果期开展游客观赏、采摘、品尝活动，体验游园乐趣，带动果品直销。

二、通达性较好的区域旅游景区附近或沿线

通达性较好的区域旅游景区附近或沿线能够与当地的旅游景区景点连线联网，依托原有的景区或景点，新建观光果业项目，丰富活动内容，延长游客的逗留时间，促进观光果业与生态旅游业融合发展。

三、山水风光、历史文化或民俗风情独特的山区村落

山水风光、历史文化或民俗风情独特的山区村落具备较好的区域旅游开发资源，能够结合美丽乡村建设配套开发观光果树园区。

四、区域位置优越的土地开发整理项目区

区域位置优越的土地开发整理项目区，一般在道路交通、土

地平整、排灌系统建设上已具备较好的基础，可以新建适度规模的观光果树园区，采取多树种、分小区配置，拉开果品观光采摘期。

五、适合转型发展休闲观光果业的传统果树基地

选择区位优势明显的果树基地，通过改种或扩种特色观光果树，改造传统果园基础设施，提升果实内在品质和外观质量，促进传统果业朝着休闲观光方向转型发展。

第三节　产业导向

各级地方政府在推进休闲观光农业发展上会出台相关配套政策，制定区域城乡建设整体规划及土地利用规划。开发主体需要了解当地的休闲观光农业政策导向，设计包装具有区域特色的休闲观光果业项目，积极寻求地方政府的政策支持。

休闲观光果业开发主体需要积极与地方政府及其职能部门沟通，尽可能在当地休闲观光农业总体规划布局中落实休闲观光果园开发区块。在区域农业产业发展中，当开发主体的建设愿景能够迎合地方政府的总体建设目标要求时，就有利于争取财政扶持资金支持，有利于基地土地流转、管理用房等问题的合理解决，也有利于水、电、路、通讯等配套设施建设。搞好这些基础工作就提升了休闲观光果园的整体质量水平，也为后续可持续发展奠定了坚实的基础。

第四节　资金投入

休闲观光果园建设项目投资期一般较长，充足的自有资金是项目成功的前提条件之一。适度规模的休闲观光果园需要做好总体发展规划，分期分区组织实施，分阶段编制项目投资预算，确保一些必要的前期建设项目有足够的资金支持。开发主体资金筹措渠道主

要在以下三个方面：一是搞好项目规划，筹集民间资本，积极争取民间资本以合资、合伙、合作等多种形式参与休闲观光果业开发和经营；二是引导农户入股，建立休闲观光果园开发利益共享机制，吸引农户以土地使用权、固定资产、劳动力等多种生产要素投资入股休闲果业项目；三是利用金融贷款，通过担保机构争取金融机构为开发主体发展休闲观光果业提供信贷支持。

第五章
观光果树开发利用模式

　　浙南山区果树种类十分丰富，包括柑橘、杨梅、枇杷、桃、梨、猕猴桃、蓝莓、葡萄、中国樱桃、香榧、锥栗、板栗等，果树产业是区域农业经济的重要支柱产业，为发展休闲观光果业奠定了坚实的基础。当下，果业发展需要围绕"特色、品质、融合"三大主题做文章，推进果业供给侧结构性改革。

　　"特色"：指寻找独特性、差异性，无中生有，有中生新，谋求比较优势、区域优势，营造吸引眼球的聚集亮点。

　　"品质"：指以开发特色品种为基础，依托果业新技术、新装备营造更有利于果树生长发育的温、光、气、热微环境，实行病虫害绿色防控，提升果品质量，提高市场竞争力。

　　"融合"：指拓展果业的多功能性，延伸产业链，推进传统果业朝着休闲观光果业方向转型或兼营发展，把旅游六要素"吃、住、行、游、购、娱"融进果业开发，增加经济增长点。

　　随着人们休闲需求的不断增长，度假休闲式旅游正成为旅游消费的主流，休闲观光果业是提升果业发展层次、拓展果业发展空间、促进果业增效和农民增收的重要手段。目前，主要有以下几种观光果树开发利用模式。

第一节　专类采摘拉动型

　　果实因色、香、味俱佳而受到消费者欢迎，特别是有些不耐贮运的水果，游客只有到果园才能真正品尝到充分成熟、能呈现品种固有色泽和风味的特色水果。随着旅游业的快速发展，游客喜爱具备参与体验功能的旅游项目，游客到专类采摘果园既可以观赏果园美景，又能体验水果采摘活动，品尝鲜美果实，享受园艺劳动成果。对开发业主来说也节省了果实采摘和运输销售的费用，增加了果品附加值。自助采摘型通常以工薪族、城镇居民、学生等为主要消费群体。"十二五"期间，浙南山区发展了一批适宜于自助采摘的特色观光果树，主要果树种类有桃、猕猴桃、蓝莓、樱桃、枇杷、果桑、树莓、杨梅、无花果、梨、柿、特色柑橘等。水果自助采摘活动很受城市家庭欢迎，已成为促进浙南山区观光果业发展的强力助推器。

专类采摘拉动型盈利模式：门票＋餐饮消费＋果品出售

第二节 休闲度假联动型

休闲度假联动型是利用乡村特色观光果树资源、优越的自然空间环境、亲和的民宿条件、乡土的生态食材，为城市游客提供饮食、住宿、娱乐、游憩、购物的休闲观光活动。游客品农家果、吃农家菜、住农家院、看乡村景，被人们称为绿色度假。如浙江省丽水市缙云县黄龙森林休闲观光旅游园区就坐落于国家 AAAA 级仙都风景区之黄龙景区内，拥有樱桃、葡萄、蜜梨采摘园区、户外拓展教育园区和黄龙山游览区；浙江省丽水市龙泉凤羽山庄休闲度假园区毗邻国家 AAAA 级龙泉山旅游度假区，拥有苹果、山楂、梨、猕猴桃等高山水果采摘园区和聚会娱乐功能区。该模式在发展规划中要合理配置果业用地与旅游度假设施用地，同时，注重建设花果廊道，完善配套设施。

休闲度假联动型盈利模式：餐饮消费＋民宿＋果品出售

第三节 产业关联推动型

依托现有果业区块周边的生态环境，山水田林路综合治理，将观光果树资源与周边景观资源、农耕民俗风情有机整合起来，形成果园观光与生态旅游互促共进的经营模式。该模式旅游发展的重点是规模取胜，通过集中连片种植同类观光果树或多种特色花果，为开展赏花品果游营造视觉冲击效果。如浙江省丽水市龙泉兰巨休闲观光果业园区就坐落于兰巨乡省级现代农业综合园区内，毗邻生态休闲养生胜地——龙泉市兰巨乡仙仁长寿村，拥有集中连片 100 hm² 的低丘缓坡水果基地，定植了猕猴桃、甜橘柚、杨梅、樱桃、蓝莓、树莓、白枇杷、蜜梨等特色观光水果，基地管理采取农业生产废弃物循环利用生态生产模式。

浙南山区主要县（市、区）的有关乡（镇）每年都举办规模不一的优势水果节庆活动，在果树花期推出的有桃、梨、李、杏等各类水果赏花节，在果实成熟期举办的有鲜桃采摘节、猕猴桃采摘节、蓝莓采摘节、杨梅采摘节、蜜梨采摘节、果桑采摘节、葡萄采摘节、枇杷采摘节和树莓采摘节等，水果采摘节通常以优势水果重点生产乡村为单元，结合开展优质或精品果评选活动。

产业关联推动型盈利模式：餐饮消费＋果品出售

第四节　景区串联带动型

成熟景区巨大的吸引力为区域休闲观光果业在资源和市场方面带来发展契机。发展景区带动型休闲观光果业，既有区域果业自身转型发展的主观需求，也有景区开放化、休闲化的客观需要。景区串联带动型休闲观光果园由于临近成熟景区的辐射圈，在地理区位上有显著优势，通过实施道路交通基础设施建设，彼此互联互通，可以形成良好的旅游通达性、一致性。

浙南山区是国家东部生态文明示范区的核心地带，全域旅游是属区现代旅游发展的新篇章，互助和求异将是农旅双方合作共进的着力点。在景区周边或沿线串联休闲观光果园是对景区旅游产品功能的拓展和补充，与纯粹的景区旅游形成差异化互补发展格局。在休闲观光果业发展上，要求按照果旅融合发展思路，融合旅游资源要素，推进个性化的果园升格为休闲观光园，特色果品变身为旅游地商品。浙江省丽水市景宁县东坑镇桃源村依托区域小环境打造了"桃源水果沟"，构建"漫步桃源、品花赏果、采摘游乐"的山区生态观光果业开发新模式。"桃源水果沟"在地理位置上刚好处于通往"云中大漈"国家 AAAA 级景区的公路沿线，通过核心景区的串联带动作用，"桃源水果沟"的葡萄、猕猴桃等观光水果自助采摘活动顺利开展。

景区串联带动型盈利模式：餐饮消费＋果品出售

第五节　农业园区依托型

农业园区依托型是指依托农业科技园区、现代农业示范园区、田园综合体等各类国家或省（市）级大型农业园区，建设特色果树休闲观光分区，展示现代果树新品种、新技术及新设施。现代果树科技在休闲观光果园中的应用包括特色果树资源展示、设施调控栽培、水肥精准管理、果实熟期调节、病虫绿色防控、精品水果生产等，让游客在园区内能够参与体验各类园艺活动，领略现代果业科技成果，增长现代果业知识。

农业园区依托型盈利模式：门票＋餐饮消费＋果品出售

第六章
观光果树开发规划布局

第一节 功能定位

观光果树开发目的在于利用特色果树资源建设个性化休闲观光果园。休闲观光果园是以观光果树生产和经营为基础，结合具有一定特色的果园资源与环境、农村文化与生活，开展观光采摘、参与体验、休闲度假、享受乡情、增长知识等农业旅游活动的场所。休闲观光果园究其本质来说是以果园资源及其生产为基础的旅游开发，综合园区型休闲观光果园还包括餐饮、民宿、娱乐及游憩等功能区块。观光果树开发园区在功能定位上要求具备果品生产、参与体验、休闲度假、科普教育和生态改善功能。

一、果品生产功能

经营者依托果园从事特色果品生产，供游客观赏、采摘、品尝和购买，并提供其他配套服务，从中获得经济收入。

二、参与体验功能

通过建设配套休闲旅游活动项目，游客既可以观赏果树花、果、叶、枝性状表现，享用新鲜果品，又能享受回归自然带来的乐趣，使身心得到愉悦、休憩。

三、休闲度假功能

营造优美、舒适的生态环境，游客置身这种生态环境中，沐浴着灿烂的阳光，呼吸着新鲜空气，吃着安全健康的食物，是一种回归自然、放松心情的享受。

四、科普教育功能

观光果树种类繁多，品种资源丰富，花、果、叶、枝呈现多样性，栽培模式表现各一，通过示范应用新品种、新技术、新设备，既增添了聚焦亮点，也可以让游客能够在休闲观光过程中体验优、新、奇、特产品，增长果业科普知识。

五、生态改善功能

在休闲观光果园开发过程中，通过规划种植果木花草，有利于水土保持，改善生态环境，同时绿化、美化环境。

第二节　原则要求

观光果树开发原则要求包括生态性、经济性、参与性、特色性和文化性五个方面。

一、生态性原则

区域休闲观光果业发展应结合生态城市、生态小镇、生态村落建设整体规划，把观光果园的发展列入乡村旅游整体规划当中，作为农村生态环境的扩展延伸。通过开发挖掘乡村蕴藏的特色资源，丰富休闲观光果业活动内容，达到果树园艺景观与自然生态环境在整体上的和谐统一，打造以生态休闲养生为特色的山区果树生态旅游产业。

二、经济性原则

将发展休闲观光果业与丰富乡村旅游活动内容、建设民宿（农家乐)综合体等有机结合起来,休闲观光果业作为乡村旅游的一种形式,要求兼顾经济效益、社会效益和生态效益,追求综合效益的最大化。要求依托区域自然环境、园区地貌特征和乡村民俗风情,设计开发前景看好的休闲观光果园项目。

三、参与性原则

在 21 世纪休闲度假将取代传统的观光旅游。在休闲观光果园开发中要求提高游客参与性,改变单一的观光模式,迎合游客的消费心理和兴趣倾向,建立起让游客能够参与体验的多功能休闲观光区块,延长游玩时间,发挥整体的休闲养生功能。配套服务功能较完善,游园线路通畅,具备停车、休息场所,提供农产品采购配套服务,食宿卫生条件良好。

四、特色性原则

寻找独特性、差异性,谋求比较优势,营造吸引眼球的聚集亮点。特色是旅游资源的灵魂,有特色才有吸引力,有特色才有竞争力。包括开发特色果业资源、山区立体循环果业及创新开发经营模式等。同时,自然环境是最好的风景,尽最大可能保留原有地貌特色,贴近自然,保护自然,要求利用园区自然景观,迎合自然环境建园。

五、文化性原则

休闲观光果业以假日结伴出游为主,大都选择家庭出游或朋友结伴出游,在温馨和谐的环境氛围中,充分享受亲情、浓化友情、加深感情。要求园区规划科学,功能区块布局合理,休闲、观光、采摘项目特色鲜明,围绕科普教育主题,设计融知识性、趣味性、体验性于一体的活动项目。

第三节　前期调查

前期调查是搞好休闲观光果园开发的基础。要求最大限度地搜集拟开发区域的自然资源条件、社会经济条件、交通电力条件、产业发展情况、观光旅游资源等。

一、调查园区的自然资源条件

调查内容包括地类、海拔、坡位、坡向、坡度、土壤质地、土层厚度、土壤养分、地下水位、土壤 pH、自然植被及气候情况；地表水质量和大气质量状况；现有农业资源的典型性、多样性和稀有性情况；拟开发果树的生长发育特性及其季相变化情况。

二、调查园区的区域位置条件

包括园区距离城市及周边乡村的距离、园区交通电力情况，园区资源与邻近其他观光资源的组合性、互补性等。

三、调查园区属地人文资源情况

包括节庆活动、历史遗迹、民俗风情、民间文化等。

四、拟建园区消费群体预估分析

对拟建园区消费群体结构、需求时间、消费特征等进行调查、预测与分析，确定园区开发所面对的主要消费群体，增加园区规划设计和开发建设的针对性。

第四节　园地设计

一般以专类采摘型为主的休闲观光果园，在新建、转型或兼营中要切实搞好园区用地设计。应遵循因地制宜、适地适树、综合规划，合理利用土地，充分展现原有地形地貌的自然风光。观光果树专类采摘园在功能分区上包括观光果树定植区和基地管理服务区。

一、观光果树定植区

观光果树定植区要求体现观赏性、参与性、科技性、科普性、示范性。

在果树专类采摘园中，一般观光果树定植区应占园区总面积的70％左右，将定植区依照地形地势、果树功能类别等先划分成几个大区，每个大区再细分为若干个小区。观光果树资源丰富多彩，通过发挥其配置功能可以提升景观果园的建设效果。

建造功能——利用果树资源的围合、连接、障景功能，构成空间，分割空间，调控私密性。

造景功能——利用果树冠群结构、色彩变化、花果芳香等要素形成特色景观。

环境功能——净化空气，保持水土，调节气候，生态防护。

小区设计需充分考虑果树树种及其品种的观赏效果以及区域地貌特征，可以将观赏性状表现突出的树种、品种放在主要位置。部分特色观光果树可以先赏花后品果，赏花园区要有一定规模，视野开阔，宜以山垄沿线、山涧小盆地、溪流或库区沿岸为单元，统一规划，连片开发。

采摘园区规模可大可小，观光果树定植区可以全部作为观光采摘区，也可部分纳入观光采摘区，视基地规模布局及客源数量情况，有条件的可以在园区内建设观光果树设施避雨栽培区块，方便全天候开展观光水果采摘活动。

二、基地管理服务区

观光果园要求建设基地管理服务区，包括办公接待区、停车游憩区、餐饮服务区、材料存放区、休闲娱乐区、果品保鲜区、鲜果分级区、休闲娱乐区等基地管理服务场所及配套设施。拟举办花果观赏活动的果园还应在视野最开阔地域建设观景平台，方便游客定点观赏，尽览漫山花果。有发展空间的开发实体还可以配置入园门景、生态绿廊、石桌石椅、园区导图、养生宣传及饰景设施等。要求区间布局合理，整体协调，实用美观，方便安全。

第五节 道路规划

道路设计要考虑园区空间分割、通行便捷、地表径流、突出生境和顺应地形等多方面因素。不同级别的园路有不同的宽度要求和施工处理方法。园区道路可以分为主干道、支干道和通向各个观光采摘小区的游步道。

一、主干道

主干道直通园区服务区附近的停车场，宽度4~5 m，以沥青路面为佳，山地果园的主路应顺山势呈环形或"之"字形绕行，坡度要求少于15°。

二、支干道

支干道随各个功能区设立，联系着各个分景区，是小区之间的分界线，宽度2~3 m，以用砂石硬化为多，有条件的可以设计架空式、涵洞式或栈桥式支路。

三、游步道

游步道一般根据生产和观光的需要设计，以方便游客为目的，直通各个功能区、采摘区，宽度1~1.5 m，有条件的可以建木质栈道、石板小道或砖砌小道，主要游步道走线可以根据地形地貌特点自然弯曲、起伏延伸，营造自然美。

第六节 排灌系统

排灌系统要求结合地形地势，尽可能利用自然水源引水灌溉，可以通过开挖集水沟拦截地表径流，引水入池，蓄水灌溉。观光果园的灌溉方式包括明渠灌溉、管道灌溉两种类型，管道灌溉又可细分为滴灌、微喷灌等方式。

一、水带微灌

浙南山区下半年降水量小，在生产中可使用水带微灌防抗高温干旱。微喷水带又称薄壁多孔管，是在可压成平带的薄壁塑料管上加工直径一般在 1 mm 以下的小孔，当管中充满水时，水就从这些小孔中喷出，对周边果树进行灌溉。

观光果园宜采用半固定式微喷水带，支管用 PE 硬管，埋入地下，固定在地头，支管中部接移动水泵机组进水，支管每隔相应果树行距设一个供水三通，球阀和接口露出地面，供连接微喷水带，微喷水带上面盖上地膜，作滴灌用，去掉地膜就是微喷灌，水带可以移动，过了灌溉季节可以收藏起来，喷水带的规格以扁径标称，常用规格有 N45、N65、N80 三种，其孔距一般以果树的株距为准，厂家可根据需要定制，孔径大，水柱射得远，孔径过小，又容易堵塞，孔径一般以 0.7～0.8 mm 为宜。

水带微灌优缺点：投资较低，抗堵性好，工作水压低，方便作业，但由于工作水压低，从低处向高处输水时，灌水均匀度不够，不能在坡度较大的果园使用。

二、明渠排水

浙南山区上半年雨水较多，务必搞好园地基础设施建设和土地整理工作。平地果园要求深沟高畦，起垄栽培，可以防止雨季根层积水；山地果园排水系统宜按自然路网的趋势，由集水沟和总排水沟组成，集水沟与等高线一致，水平带的集水沟应修在带面内侧，总排水沟连通各级等高排水沟，明渠排水。

第七节　树景设计

观光果树的景观构成元素包括树形、枝态、叶片、花器和果实。

一、观光果树树姿变化多样

观光果树栽培树形丰富多样，因果树种类、园地环境及栽培方式而异，有自然圆头形、主枝开心形、疏散分层形、主枝放射形、自由纺锤形、主干形及藤蔓果树支架整形等。树体骨架由主干、主枝或主蔓、侧枝或侧蔓构成，在骨干枝上配置大、中、小型结果枝组，枝梢有的长放舒展，有的短截更新，有的疏删留空。

二、观光果树叶片形多色艳

观光果树叶片变化主要在于叶色、叶形及落叶与否，春夏季果树叶片一般呈现嫩绿、黄绿或浓绿，以绿色为主色调，秋季部分果树叶片会呈现红、黄、橙、绿等多种颜色，果树叶形主要有披针形、椭圆形、心形、卵形、扇形等，通过对不同秋色叶或不同叶形的果树进行搭配布局，常绿果树与落叶果树进行合理配置，就可以形成果园树体景观变化的效果。

三、花器是观光果树景观设计的重要元素

观光果树花器景观变化主要在于花色、花形和花期，把不同花期的果树品种相邻配置，可以延长整体赏花时间，也可以把同一花期不同花色的果树品种连片种植，构成五彩缤纷的花海景观，先花后叶的桃、李、樱桃等果树尤其适宜布局大视野的赏花园区。

四、果实是观光果树景观设计的核心部分

果实景观变化主要在于果色、果形和果香，果实的颜色主要是以绿叶为背景而呈现出的各种丰富的颜色，表现的是果实的个体美，通过把不同果实颜色、同一成熟期的果树相邻配置，就能够构建着色独特、吸引眼球的鲜果景观。

第八节　创意果业

创意果业是以市场为导向，将果业开发和文化创意及科技创新相结合，对果业生产经营的过程、形式、工具、方法、产品进行创意设计，使其产生更高的附加值，以实现资源优化配置的一种新型果业经营方式。创意果业来源于创意农业，是创意农业的重要组成部分。

一、创意果业的特征

1. **创意果业是果业与文化相结合的产物**　创意果业以文化艺术为灵魂，以审美体验、农事体验为主题，将单纯的果业生产与多元文化相结合，以科技为推手，实现果园造景、果树造型和品质提升，使果业呈现出特色化、个性化、艺术化、智能化等特点。创意果业将文化、艺术与科技有机融入到果业生产，使其具有更大的发展潜力和价值空间。

2. **创意果业是三次产业融合发展的新型业态**　创意果业以创新的思维重塑传统果业体系，推进一、二、三产业相互融合，农业、旅游、文化三位一体，形成具有果业、生态、旅游、文化、教育等综合功能的产业链和产业群。创意果业使传统果业摆脱单一的生产功能，具有引领新型消费潮流的功能特性。

3. **创意果业是具有高附加值的产业活动**　传统果业以销售果品为主，具有产业链短、市场需求单一、生产经营风险较高等特点，生产附加值低。而创意果业是以市场为导向，将果业开发与文化、科技相融合，形成"创意设计＋科技开发＋创意营销"这种多层次产业链，可以很好地提升果业开发的附加值。

4. **创意果业是对特色资源的挖掘和整合**　创意果业通过融入文化和科技元素，对现有特色资源进行多角度、全方位的挖掘和整合，使果业开发更具多元化，也更具独创性，从而形成新的经济增长点。

二、创意果业的意义

1. **创意果业可增加果业开发盈利点** 创意果业通过延伸产业链，创造无形价值，实现全产业链多层次收益，不同于传统果业仅以销售果品为主要收入来源。

2. **创意果业可以降低果业生产经营风险** 传统果业受自然灾害、市场供求影响大，通常面临"丰产不丰收"的尴尬处境。创意果业摆脱传统果业完全依赖于果品生产的局面，能够以更为多元化的面貌迎接市场，具有更为广泛的消费群体和更广阔的市场空间，提升了全产业链的市场抗风险能力。

3. **创意果业推进果业多功能综合开发** 创意果业使果园、果树及其花果器官均得到综合开发，既提升了果业的文化品位，又增强了消费者的亲身体验，实现果业的多功能综合开发。

三、创意果业开发模式

1. 创意果园

（1）水果采摘园 选择鲜果性状表现突出的果树资源，建立特色水果观光采摘园，让游客直接到果园中观赏、采摘果实，观光采摘园让游客身临其境，开展观光、采摘和品尝等参与体验活动，产地果品转变成旅游地商品。该模式操作关键为通过品种搭配丰富果园品种类别、延长采摘时间；通过创新果树种植模式提升园区通达性、可操作性；通过整形修剪、水肥管理等方式提升园区整齐度、观赏性，让游客乐在其中。

（2）休闲观光园 休闲观光园以休闲度假旅游为主导性功能，果业生产为附属功能，让果树种植区块变成游客休闲观光的游憩场所。该模式操作关键为通过对一些观赏性状表现突出资源的搭配、造型，提升园区休闲观赏性；园区通过主题企划、规划设计提升内涵品位，如婚纱摄影、美术写生、野外拓展、亲子游戏等；通过要素融合、品牌营销，提升休闲观光园区整体效益。

（3）开心体验园 将果园打造成一个开心体验平台，果园业主变身为平台大总管，通过"果树认领""片块认采"等形式让客户关注果树及其果实的生长发育过程，同时，亲身参与部分园艺作业活动，享受园艺果树带给人们的开心体验。该模式操作关键为通过加强与客户交流沟通，增强其对认领果树的"主人翁意识"；通过对管护技术文字化、图片化编撰、宣传，让客户知晓果树管护环节，提升其参与乐趣；通过园区病虫害"统防统控"，实施病虫害绿色防控，提升果品的安全质量。

(4) 科普教育园　在果园建设中融入科普教育元素，科普教育园适合不同层次的学生在大自然中学习生物知识，加深感官影响，提升动手实践能力。该模式操作关键为通过展示果树新品种、新技术和新装备，增添园区活动主题内容，丰富科普教育内涵；通过文字、图片、音频和视频等宣传媒介，全方位、全流程介绍果树生长发育过程及创新栽培技术，拓展科普教育手段；通过建立学员 DIY 体验活动分区，提供园艺实践指导，学员自己动手，亲身参与，互动交流问题见解，提升科普教育效果。

2. 创意果树

(1) 多姿果树　多姿果树是指根据创意设计要求，从果树种苗培育阶段就着手采用整形修剪技术对果树进行塑形造景，实现预期主题含义的表达，如观光园入口的"迎宾"树造型、园内重要区位景观树配置、主干道绿荫长廊、园区边界绿篱围栏等，也可以对园内果树采用多种树形培植，呈现多姿果树冠群。该模式操作关键为通过多种整枝修剪手段对骨干枝条进行空间配置，对树体进行多姿"塑形"，使其符合创意设计愿景。

(2) 多彩果树　多彩果树是指根据创意设计要求，把花、果、叶等色彩性状独特靓丽的多种果树资源通过分期嫁接和多位嫁接配置在同一棵树上，共生共长，实现"一树多花、一树多果"的多彩花果景象，也可以对园内果树采用多种色相配置，不同色泽果树区块交相辉映，呈现多彩果树冠群。该模式操作关键为选择不同种、属间具有较强嫁接亲和力的特色果树资源，并要求合理选择基砧和中间砧资源种类，同时，果树花、果、叶等器官具有丰富多彩的色泽和形状，通过优选和配置才能呈现更好的观赏效果。

（3）果树盆景 果树盆景是指把通过艺术加工的果树资源和山石构件合理布局在盆器里，经过持续艺术造型，达成形、色、姿、韵兼备的果树盆器景观。该模式操作关键为选择生长势中庸或偏弱、树形自然矮化的果树资源进行培育塑型，通过整形修剪、水肥调控植株生长发育进程，追求盆艺景观效果，提升果树开发利用附加值。

（4）老树进园 老树进园指根据休闲观光园区整体景观效果需求，有目的地将特色老龄栽植果树或老龄野生果树移植至园区内，让老树焕发新姿，营造吸引眼球的聚集亮点，通过老龄果树所发挥的"点睛"作用提升园区的整体景观效果。该模式操作关键为寻找或挖掘符合休闲观光园区建设需要的老龄果树资源，合理选留树冠骨干基枝，采用绿化大树移植关键配套技术，确保老龄果树能够在异地重现生机。

3. 创意果品

（1）"奇异"果 在果实生长的小果阶段使用模具将果实套住，使其在模具内生长发育成熟后形成不同于常规的新奇特果形，提升果实附加值，提高经济效益。该模式操作关键为果实选择适当的模具，并掌握果实生长发育规律，在合适的时间进行套果塑形，提升塑形果观赏效果，同时，实施优质果栽培技术提升果实品质，让"奇异"果有形、更有品。

（2）"图案"果 在果实转色期前于果实表面覆盖具有一定图案的遮光材料，使果实表皮相应区块因不能完全着色而呈现特定的图案形状，提升果实外观质量，增加经济收益。该模式操作关键为选择转色显著、全面的特色果树品种进行处理，提升"图案"果观赏效果，图案材料通过创意设计，既可以是刻字图案，也可以是写意图案，同时，要求实施优质果栽培技术，提升果实品质，让"图案"果既好看，又好吃。

4. 创意食品 在休闲观光果树园区，可以将特色果树的嫩梢、嫩叶、花器或果实通过不同程度的加工制成各种创意食品，例如果花宴（桃等）、花茶（枇杷）、叶菜（桑葚）、沙拉拼盘、果茶果酒、果干果脯、果汁果酱等，丰富果园产品类别，提高经营收益。该模式操作关键为掌握有关产品开发的实用技术，采用绿色防控手段进行果园病虫害防治，提升创意食品的食用安全性。

5. **创意包装** 休闲观光果树园区果品也就是旅游地商品，要求包装器具方便携带、存放安全、价值适中。因此，在产地果品包装企划和设计阶段就要植入创意理念，根据果品类别特征、产品消费群体进行创意设计，可以采取包装外表文案简明，内置精致折页，对产品进行故事化表述，实行产品创意营销。

6. **创意废弃物** 果园树体管理中会产生枝干、叶片等废弃材料，可以根据果树种类对部分材料进行艺术创作，制作工艺品，也可以综合利用果树废弃器官，丰富果园产品，提升附加值，提高经营收益。如桃木剑、银杏叶书签等工艺品开发，衰老梨树寄生石斛，树莓被疏小果制作药用覆盆子。该模式操作关键为结合果树本身的文化内涵开展艺术创作，使工艺品象形象意，既具有该果树的独特文化，又具有艺术提升价值，或通过挖掘果树资源的独特价值进行综合开发利用。

第七章
观光果树开发配套技术

通过区域适用观光果树品种配套技术研究，形成一套浙南山区观光果树开发利用关键技术，通过园艺设施在观光果树调控栽培中的应用研究，改变传统果树开发利用模式，展示现代装备设施的应用成果，让观光果树新品种、新技术、新设施成为浙南休闲观光园区中的聚焦亮点。

第一节　树种选配

一、树种选配原则要求

1. **适地适树**　观光果树树种或品种的选择是栽培成功的关键，在筛选果树时，需要考量区域环境条件、市场开发前景等进行综合分析。要求选择的树种类型与开发园区的环境条件相适应，任何果树只有在优势分布区域，其种质特性才能充分表达出来。同时，重视发展乡土树种，该类树种适应性强，适应区域的气候条件，抗逆性好，养护成本低，容易快速成园。在一个区域范围内，在确定果园地址和定植果树资源时，适宜采取双向选择。

（1）**选树适地**　根据开发基地的立地条件选择最适宜的果树树种，较高海拔地带可以选择抗寒性较强的果树资源，同时，其果实具有一定的耐挤压、抗颠簸特性，适应山区的果品运输环境；较低海拔地带适宜选择常绿果树或对冬季低温需求不高的中早熟落叶果树。

（2）**选地适树**　根据拟开发观光果树树种特性在区域范围内或

者跨区域选择最有利于发挥果树种质特性的优势开发地域。

2. **定向选择**　选择树种类型的各项性状应尽可能地满足观光果树开发目的要求，一般要求树姿舒展、花艳果甜、风味独特、赏食俱佳，具有观赏性状显著、适宜观光采摘等特性。如以采摘鲜果为目标的，消费者多喜欢选择色彩鲜艳、风味香甜的品种；以赏花为目标的，根据观光果树的花期、花色或花形，合理分区配置，要求适度规模集中连片种植，当鲜花盛开时，能够形成强烈的视觉冲击力，提升赏花效果。在生产实践中，通常采取落叶果树搭配常绿果树，小乔木果树搭配灌木果树，乔灌果树搭配藤本果树，提高观光果园的景观效果。目前，在观光水果采摘园建设中，通常选择桃、猕猴桃、樱桃、蓝莓、果桑、树莓、枇杷、葡萄、柑橘、杨梅等特色水果树种。

二、按果实成熟期分季配置

观光果树季节性很强，通过观光果树不同树种及同一树种不同品种配置，并结合运用设施或生物调控技术，使观赏季节提早或延后，拉长观光果树观赏或采摘期，淡季不淡，四季花果飘香。要求根据园区开发规模安排果树资源数量，树种不宜过多，否则，既不便于生产管理，园区主题也不明确。对异花授粉的品种，优先选配合适的授粉树种，既提高坐果率，也错开品种成熟期。主要观光果树按果实成熟期配置情况见表1。

表1　主要观光果树按果实成熟期分季配置情况

栽培类型	春季			夏季			秋季			冬季		
	2月	3月	4月	5月	6月	7月	8月	9月	10月	11月	12月	翌年1月
常规栽培	草莓	草莓	樱桃 果桑	桃 李 樱桃 蓝莓 果桑 枇杷 树莓	桃 梨 李 樱桃 蓝莓 杨梅 葡萄	桃 李 梨 葡萄 蓝莓	桃 梨 李 葡萄 蓝莓	桃 梨 柑橘 猕猴桃 香榧 板栗 锥栗	柑橘 猕猴桃 板栗 锥栗 柿	柑橘 柿	柑橘	草莓

三、按海拔梯度分区配置

浙南山区气候呈垂直地带性变化，具有明显的山地立体气候，年平均气温 11～18.5 ℃，年日照时间 1 500～1 800 h，年均降水量 1 500～2 400 mm，年均相对湿度 70％～85％。山地小气候是浙南山区气候的重要资源之一，由阴坡、阳坡、山脊、马蹄形等小地形所形成的多种多样的局部气候，其光、热、水的组合各有特点，这为多类型、多层次、多品种的立体生态果业开发创造了有利条件。在生产上可根据山区海拔区段差异发展不同温热需求的观光果树品种。

1. **海拔高度小于 300 m 的河谷盆地及低山观光果树开发利用区** 适宜发展对温度要求较高的常绿果树及对冬季低温需求不高的落叶果树品种，如枇杷、柑橘、杨梅、早熟桃、早熟梨、李、中国樱桃、果桑、蓝莓、树莓等特色观光果树。

2. **海拔高度间于 300～500 m 的中山观光果树开发利用区** 适宜发展在中海拔山区更能呈现果实优良性状的特色常绿或落叶果树品种，如杨梅、柑橘、猕猴桃、蓝莓、桃、梨、树莓、香榧、锥栗、板栗等。柑橘类开发区域海拔高度以小于 400 m 为宜，其中柚类宜控制在海拔 250 m 以下的温暖地域。

3. **海拔高度在 500 m 以上的高山观光果树开发利用区** 适宜发展能够满足温度需求的常绿果树及对冬季低温有较高需求的特色落叶果树品种，如杨梅、蓝莓、猕猴桃、晚熟梨、晚熟桃、柿、香榧、锥栗、山楂、苹果等，杨梅种植区域海拔高度宜控制在 600 m 以内，其他果树种植区域海拔高度一般宜控制在 1 000 m 以内。

第二节　繁殖方法

一、嫁接繁殖

嫁接繁殖是指把某种果树营养器官的一部分移接于亲缘关系较接近、具有较强亲和力的果树基砧或中间砧上。主要嫁接方法有芽接法和枝接法。

1. 芽接法

剪取接穗：首先选择品种纯正、品质优良、生长健康的树为采穗母本树，然后在树冠外围剪取生长健壮的新梢，采好接穗后立刻剪除叶片，仅留叶柄，若不立即进行芽接，则应将接穗用湿麻袋包好，存放于阴凉处备用。

砧木挑皮：选一、二年生实生苗，直径 0.6～1 cm，在挑皮之前先剪除砧木离地 20 cm 以内的萌枝并擦去泥土，以便操作。然后在茎干离地 7～10 cm 处选择平滑侧部，用芽接刀横切一刀，深达木质部，切口宽度与削取的芽片宽度相适应，再从横切口的中央自上而下纵切一刀，长 2.5～3 cm，亦深达木质部，纵横切口呈"丁"字形，最后用刀尖或芽接刀尾部在纵横切口交叉处挑开两侧皮层，以便插芽。

削取芽片：将接穗倒持在左手的拇指与食指之间，使要削取之芽紧贴于左掌的左外侧上，右手持刀微贴在左手掌心上，从芽下方 1.5～2 cm 处向怀里平削一刀，削至芽上方 1 cm 处停止，若想芽片不带木质部，轻轻在芽上方 1 cm 处横切一刀，仅将皮层切断，取下芽片；若要芽片带木质部，纵切一刀稍重，横切时深达纵切面，使削下的芽片长 2.5～3 cm、宽 0.6 cm 左右，削下之芽最好尽快插入砧木。削芽时芽片是否带木质部一般依据嫁接的果树种类确定。

插芽及绑扎：将削好的芽片从"丁"字形切口插入砧木切口，芽片上端不能超越砧木横切口，若芽片过长可略低于横切口处剪切，最后用薄膜自下而上绕圈绑扎。绑扎宜紧，最后结成活扣，方便解膜。

接后检查：芽接后应及时检查嫁接成活率，一般在果树嫁接后2～3 周检查成活情况。如接芽仍保持原来颜色，没有干枯，叶柄易脱落，表示已成活；若接芽颜色改变，叶柄不脱落，表示未接活。

2. 枝接法

（1）切接法

嫁接时期：一般在春季气温稳定回升，果树春芽开始萌动时嫁接最易成活。

嫁接部位：一般在砧木苗离根颈 5～20 cm 处。

削接穗：将接穗倒持，选平整的一面紧贴左手食指，在接芽下方 1.5～2 cm 处以 45°角削成短削面，再翻转枝条，从接芽下方开始往下削取长削面，要求削下的皮层稍带木质部，然后在长削面的芽眼上方 0.5～1 cm 处斜削一刀。

削砧木：嫁接前按嫁接部位高度将砧木上部剪除仅留砧桩，嫁接时选取砧桩外部较平滑一侧纵切一刀，纵切部位以稍带木质部为准，纵切深度即接穗长削面长度。

插穗及绑扎：将已削好的接穗插入砧桩切口内，要求砧桩和接穗至少有一侧的形成层对齐吻合，然后用塑料薄膜从砧桩下部往上部绑扎，绑扎时一般露出芽眼。

（2）劈接法 劈接法通常适用于砧木直径比接穗大的情况，从距根颈 10～15 cm 处剪断砧木。选下刀两侧砧木皮层较平整处，用劈接刀在砧木剪口中间部位下切深度 3 cm 左右。接穗在接芽下选取平滑两侧，用刀削切成长 2～3 cm 的平整楔形切面，接穗一般保留 1～2 个有效芽剪切，嫁接时要求砧木和接穗的形成层至少有一侧对齐，然后用塑料薄膜绑扎。

（3）腹接法 采用腹接法时，接穗的切削同切接法，砧木先不剪断上部，在拟嫁接部位用切接刀与砧木延伸方向呈 30°～45°斜角切下，切入长度 2.5～3 cm，然后将接穗插入切口，砧木与接穗至少有一侧的形成层对齐，最后用塑料薄膜绑扎。

二、根蘖繁殖

根蘖繁殖是指利用部分果树根系所具有的分蘖特性进行种苗繁育。掌叶覆盆子等部分果树易生不定芽，根系萌蘖能力很强，在生产上可利用该特性培育根蘖苗。形成根蘖苗以后要适时断根，在挖掘根蘖苗时将距母株 50 cm 以外的水平侧根也挖出，然后将根条剪成 15～20 cm 长的根段，根段粗度以 0.5～1.0 cm 为好，把根段整捆放在室内沙藏，翌年春季整好地后，在苗圃地挖深 7～10 cm 的定植沟，将根段相连平放在沟底，再用疏松肥土覆盖，当年即可生根发芽，经后续培育即为成苗。

三、其他繁殖

观光果树繁殖方法还包括扦插繁殖和组培繁殖，扦插繁殖通常用于易产生不定根的部分果树，通过采用山地红黄壤心土或泥炭与珍珠岩等混合基质进行苗床扦插繁殖；组培繁殖适用于扦插较难生根、母本材料稀缺的特色果树，先将果树芽、茎、叶等活体材料进行前期处理，然后接种到由适用营养元素和激素配制而成的培养基上，给予一定的温、光、气、热条件使其长成完整的植株。目前蓝莓、草莓等特色果树种苗繁育基本上采用组培育苗技术。

第三节　建园方式

一、新建观光果园

通过挖掘和引进名特优新观光果树品种，新建观光果园，丰富果树品种类别，拉开果品成熟期，尽量延长特色果品观光采摘时间，以吸引更多的游客。

观光果园一般可分为四种类型：专类树种园、四季观光园、科技展示园和景观配套园。

1. **专类树种园** 收集专类果树种质资源，既可选择当地特有果树树种或品种，体现地方特色，也可从外地引进某一特色果树树种或品种，具备新奇特诱人特性。如红美人、沃柑、春香等特色柑橘设施栽培园，蓝莓、樱桃、果桑或树莓专类采摘园等。

2. **四季观光园** 对于具备适度规模的果园，可以通过不同果树树种及品种的合理配置，拉开鲜果成熟上市期。果园树种与品种越丰富多彩，则观光采摘时间越持续细分，实现四季花果飘香，满足游客常年观光采摘的需求。

3. **科技展示园** 采用现代果树科研成果进行果树集约化、规范化栽培，展示当下果业新品种、新技术和新装备。如枇杷设施促成防冻栽培，柑橘设施延后完熟栽培，杨梅棚架避雨防虫栽培等。

4. **景观配套园** 在综合型的乡村民宿、休闲农庄、农家乐综合体、田园综合体、种养基地或景区景点建设中，为提升整个开发园区的生态景观效果或营造能够赏花品果的区域休闲环境，需要配套建设相对集中或分点布局的观光果树区块。如建猕猴桃或葡萄绿荫长廊，花果类蜜源植物加蜜蜂养殖的种养基地，垂钓鱼塘周边配套蓝莓、樱桃、桃、枇杷、石榴等特色果树。

二、传统果园改建

在培育休闲果业过程中，要充分发挥传统果树产业的基础作用，通过引入休闲观光理念，开展配套设施建设，融合旅游要素资源，促进传统果业向休闲观光果业方向延伸拓展。传统果园转型也就是以当地特色优势果树基地为基础，通过组织实施品质提升工程或果树高接换种等措施改造原有果树基地，利用特色果树的花果特色，举办赏花节、自助采摘游等休闲旅游项目，拓展果业新功能，促进传统果园向休闲观光果园转型或兼营发展。传统果园改建主要路径如下：

1. **改造提升型** 对于果树树种及品种资源优势明显的果园，通过组织实施果实品质提升配套技术，进一步提高果品质量水平。

（1）降密度 对果树群体郁闭果园，结合立地条件，采取疏树或疏枝技术，增大果树行间距离，改善园地通风透光状况，营造利于园艺作业及观光采摘活动的空间环境。

（2）改树形 针对树干过高、主枝过直、枝量过多等不同情况，采取降低树干、开张枝角、疏剪回缩等不同措施，实现通风透光、立体结果。

（3）提地力 果树是一种多年生木本植物，每年度果实发育和枝梢生长均需从土壤中汲取一定的有机质与矿物质元素，因此，积极利用树盘周边空闲区域计划种草或套种绿肥，可以提高土壤有机质含量，提升土壤肥力水平，逐步改善果树根层土壤的理化性状，创造一个更有利于果树根系生长的地下土壤环境。

（4）减化肥 根据果园土壤地力水平和果树生长发育对营养的需求特性，改变仅施化肥或偏施化肥的片面做法，注重无害化有机质肥料施用，推行测土配方施肥技术，减少化肥使用量，提高土壤施肥效果。

（5）减农药 推行宽行窄株、深沟高畦建园技术，搞好果树整形修剪，培育通风透光树形，实施冬季清园除害，降低病虫越冬基数，应用防虫网棚架隔离技术，推行各式绿色防控技术，减少化学农药用量，生产绿色生态果品。

2. 改植换种型 对于果树树种及品种资源优势不明显的果园，通过改植或高接换种，变普通果树为特色观光果树，提升果园景观效果。

（1）改植新种 选择种植观赏性状表现突出、果实品质优异且熟期配套的观光果树品种，淘汰品种老化、品质低劣的原有果树品种。

（2）高接换种 高位嫁接能够保留原有果树树冠骨架，根系损伤较少，能够快速恢复树冠，促使高接更新后的果树新品种尽快形成产能。高接方法因高接时期而异，包括切接、劈接、腹接和芽接等。高接部位根据树冠骨干枝配置、树冠大小确定，既可以在中心干、主枝或副主枝上进行嫁接，也可以在树冠的多年生枝上进行多头高接。在进行果树高接换种时要注意高接后的防风固枝工作。

3. 兼营发展型 对于相对集中连片、大面积规模化发展的果树产业带或基地园区，可以采取果品自助采摘游与商品化果品大生产兼营发展模式，推进传统的果树生产逐步朝着休闲观光果业方向兼营发展。

在产业融合发展上，要求在原有果树基地中划出交通便捷、管理规范的相对独立区块，实施景观化园区改造，一方面做好园区品种结构优化调整和果品质量提升工作，实施优质果栽培配套技术，切实提升优质果率和精品果率，另一方面做好休闲观光采摘游的配套设施建设工作，包括采摘园游步道、停车服务场所、果品包装礼盒及其他有关设施。兼营发展型果树基地最终实现两个转变：一是传统的果树生产基地逐步转变为适宜开展休闲观光采摘游活动的果树景观园区，二是传统的产地外销果品可以部分转变成休闲旅游地商品。

第四节 园地建设

利用园地及周边的原有地形地貌实施景观化建园，构建适宜开展赏花品果活动的园貌园相，根据观光果树的生物学特性，因地制宜、因树制宜科学建园。

一、园地选择

在观光果园区位选择上，需要充分考虑地形、坡向、坡位、水体等自然环境因素。对于喜温类果树，选择北面有山体屏障的坡向，选择会在低温天气出现逆温现象的坡位，选择湖泊、水库、溪流等水体周边区域。

浙南山区山垄田资源十分丰富，不少新建果园选址在山垄田地域，因此，需要了解山垄田所处环境的地域小气候特点。浙南山区山垄田的总体气候特点：云雾多、湿度大、变温大、日照短。在园地选择上，建议选择坐北朝南、东西走向的山垄，通过延长日照时间，提升园区自然热量水平，提高土温和水温，更好地促进果树生长发育。

二、土地整理

果园土地整理分为带状整地、块状整地。

1. **带状整地** 带状整地是指按行距开挖水平带，带上开挖定植沟，或按株距定点挖穴。带状整地分为两类，一是坡地带状整地，即山地水平带，又称等高梯地；二是平地带状整地，即开沟作畦，或深沟起垄。带状整地方式适用于柑橘、枇杷、桃、李、梨、葡萄、猕猴桃、蓝莓、果桑等比较适宜集约化栽培类果树。

（1）开挖水平带 在基地建设中，坡度较陡的坡地宜在山顶保留一定面积的水土保持林，并开挖园地周边截洪沟。一般坡度在

6°以上的山坡地要求建设水平带，水平带按等高不等宽设计，要求大弯随弯，小弯取直。带壁高一般控制在1.5 m以内，带面宽在3 m以上。在山地水平带建设中，通常采用单斗履带式反铲挖掘机，该型挖掘机集合了挖掘、搬土、平整、压实等多种功能。

① 测量工序。先对拟建水平带园区进行地表植被清理，开挖作业机械进山通道。要求对拟开发坡地的山岗区域预设一条纵向中轴线，根据梯面宽度设计要求，在中轴线上标出各台梯地的基点，按照从坡地的上部往下部、从各台梯地的基点往左右的作业顺序，用手持水准仪测定各个山坡的梯地等高点，再把同台梯地的各等高点连成线，用白石灰标注清楚，即为各台梯地的施工作业线。

② 施工作业。选用履带式液压挖掘机施工，通过"抓"和"撑"使挖掘机进入坡改梯施工场地，使用重力臂挖斗削坡，开辟上山和下山的耕作路，通过挖高填低、挖包填凹修整梯地，要求梯面外高内低，向内倾斜，内侧开挖排水沟。为加快定植穴或沟内土壤熟化进度，要求尽可能提前开挖定植穴或定植沟。

③ 土壤熟化。为提高新建梯地果树定植成活率，加快果树生长发育，要求对新建梯地土壤全面深翻熟化，并实施计划生草或种植绿肥，以增加土壤有机质。对于新建基地或通过土地整理项目形成的开发用地，务必实施沃土计划，通过前期种植绿肥植物增加土壤有机质，改善土壤理化性状。

(2) 开沟作畦　南方的平原地带或山谷盆地，地势低，地下水位高，同时，上半年降雨频繁，当遇梅雨或暴雨时节，会有淹畦积水的现象。因此，一般要求开深沟、作高畦或起垄栽植果树，畦面呈龟背形或覆瓦状，畦沟能排水，可避免涝害。深沟高畦增加了畦面与沟底的高差，减防涝灾，使根系微环境水、热稳定，促发较多的吸收根，为根系生长创造了良好的环境，有利于树体正常生长发育。蓝莓、樱桃、桃、猕猴桃等果树，忌根层积水，要求有较好的土壤透气性，一般均应采取起垄或高畦栽培。

2. 块状整地　块状整地是指对拟开发用地采用块状翻垦，各地块之间水平排列，定点开挖定植穴。块状整地适用于坡度较大的山坡地，从果树树种特性来说，块状整地适用于树冠高大、根系宽广、定植稀疏的果树，如杨梅、香榧、板栗、锥栗、山核桃等。

块状整地分为两类，一是在坡地采用鱼鳞坑式块状翻垦，二是在平地以定植点为中心筑土墩。

（1）开挖鱼鳞坑　鱼鳞坑是指在山坡上开挖的半月形小台地，定植穴在小台地中间偏外侧区域，开挖鱼鳞坑时，作业工序可以参照水平带建设，在坡地等高线上确定定植点，以定植点为中心，从坡地的内侧挖土，填至坡地外侧，要求用草皮或石块叠成台壁，台面外侧略高于内侧，台面内沿开挖排水沟，防止雨季地表水冲刷台面土壤。

（2）筑土成墩　在南方平原地带或山谷盆地建园，尤其在地下水位较高、排灌不便的地域，宜先按行距挖深沟、筑高畦，确保园地顺畅排水，然后按定植株距筑土成墩，墩高 50～80 cm，视地下水位高度酌情调整，再在墩上栽植果树。

三、定植方式

改变传统果树密植栽培方式，留足树体自然伸展空间，方便游客观赏采摘。观光果树定植方式可以根据区域环境特点，包括规则式、自然式或混合式。

1. 规则式　规则式是指按照一定的株行距规范定植果树，观光果树一般适宜采取宽行窄株形式，要求留有充足而舒适的操作空间。主栽树种连片集约定植，花果姿色集群呈现，可以营造出颇具气势的均衡美。

2. 自然式　自然式就是指在观光果树开发园区自然、随机布局各类果树，展现园区果树群落的自然美。自然式定植通常以孤植或丛植形式表现出来，如柚、枇杷、银杏等特色果树适宜自然布局于园区一隅。

3. 综合式　综合式是规则式与自然式兼备的定植方式，它既有传统果园有序定植形式，也有景观果园的灵活自然布局。如猕猴桃、葡萄等藤本类果树就必须采取架式栽培。

四、园地绿化

观光果树定植区是观光果园的核心区，园地的绿化和美化具有良好的改善生态、美化果园环境作用。

1. **地被植物功用**　地被植物是指植株矮小、具有一定观赏价值的特色陪衬植物。通过种植特色地被植物，园区内以裸露土壤为背景的观光果树就有了地被植物陪衬，在果园区域形成了由果树、地被植物组成的分层次植物群落，丰富了园区的垂直景观，增添了休闲观光果园的自然美感，提升了观光果园的整体景观效果。同时，地被植物还具有增加土壤有机质、保持土壤墒情、促进根系活动和改善果园小气候的功用。

2. **地被植物选择**　选择适应性强、耐阴性好、株型矮小、根系分布浅的植物，以不影响果树树体生长发育为原则，一般尽可能选用具有固氮作用的植物。观光果园适宜选用藿香蓟、紫云英、酢浆草、三叶草等特色绿肥植物，也可选择性地留用园地原有杂草。对于休闲观光功能要求较高的果树园区可以试种丛生福禄考，又名芝樱，为花荵科福禄考属草本植物，该植物属多年生常绿宿根花卉，其茎如矮草匍匐于地，有红、粉红、紫、白等多种花色，繁花盛开时宛若"开花地被"，景观效果极佳。

3. **地被植物管理**　在观光果树园区周边、干道两侧、不同功能区结合部、果树定植行之间有计划地种植或选留地被植物，清除恶性杂草，2～3 年后可形成绿色地被植物层，增强果园整体景观效果。地被植物管理要求以不影响主栽果树正常生长发育为原则，不影响果树根系生长，不与果树争夺光照与肥水。

五、监控系统

果园监控系统一般由两个部分组成：一个是边界防范，另一个是视频监控，通常以边界防范为主，视频监控为辅。边界防范是在果园周边布设一道电子墙，通过将果园划分为若干防区，每个防区均安装专用报警器，当有人穿越这道电子围墙时，系统就会发出警报，就可以知道什么位置有人或动物闯入，也可以在各防区内设置声光报警器对侵入进行警示。同时，配合这些防区布设能够旋转的摄像机，平时转动观察，发生情况时进行抓拍。摄像机一般安装在需重点防控的区域：果园出入口，易被侵入位置，高价值果品或珍稀种苗区块。

第五节　树体管理

一、枝芽特性

1. **芽的特性**　果树的芽是未生长发育的枝或花的原始体。

（1）**芽的异质性**　在同一枝梢上不同部位的芽，由于发育过程的内外条件不同而形成芽在质量上的差异。

（2）**芽的早熟性**　新梢上形成的芽当年又萌发抽梢。具早熟性芽树种一年可抽多次梢，进入结果期早。柑橘、桃、李等部分果树的芽具有早熟性。

（3）**芽的晚熟性**　新梢上形成的芽翌年才萌发抽梢。例如梨、苹果及多数落叶树种。

（4）**芽的萌发力**　一年生枝梢上的叶芽萌发能力。

（5）**芽的成枝力**　一年生枝梢叶芽萌发成长枝的能力。柑橘、猕猴桃、桃等果树，萌发力和成枝力均强。

（6）**芽的潜伏力**　潜伏芽萌发成枝梢的能力。枇杷、柑橘、杨梅、梨、锥栗等果树芽的潜伏力强。桃芽寿命短，潜伏力弱。

2. **枝的特性**

（1）**顶端优势**　果树枝梢上的顶芽生长对侧芽萌发和侧枝生长具有抑制作用。

（2）**垂直优势**　果树直立枝梢生长势强于角度开张枝梢的生长势。

（3）**树冠层性**　果树中心干延长枝上的芽成枝力差异明显，中上部抽发强枝，中下部抽发弱枝，导致主枝在树干上呈层状分布。枇杷和梨的树冠层性明显。

二、整形修剪

观光果园树体整形方式需要考量树冠骨架牢固度、枝梢光能利用水平和方便树体管理等，同时，为了让游客更好地体验花果飘香，便于观赏、采摘和品味，还需要研究主要观光果树适宜观赏树形及其整形修剪方式。要求尽可能采用有利于提高观赏性的整形修剪技术，调控树冠纵横向生长，架式整形搭配自然整形，短截紧凑修剪搭配长枝舒展修剪，展示树体自然伸展姿态，方便游客观赏采摘。

1. **果树树形结构** 果树树冠由主干骨干枝和辅养枝构成，整形时需要根据果树树种特性、立地条件和栽培模式选定树形，确定骨干枝配置的相关参数。

（1）**定干高度** 果树主干高度因树种而异，适宜的定干高度有利于树冠快速成形，树体有效结果面积大。定干过高，树冠成形慢，也不便于树体管理。

（2）**中心干取舍** 果树中心干是否选留，依据果树树种类别及其所需培养树形而异。树冠层性明显的果树可以选留中心干，但需要适时控制中心干生长势，防控后期结果部位上移、外移；无中心干的树形结构适用于多数果树，由于缺失中心干，树冠骨干枝相对强壮，枝梢光照条件好，也便于开展树体管理。

（3）**骨干枝数量** 观光果树骨干枝个数依据果树树种类别及其所需培养树形而定，以充分利用空间，有利于果树正常生长发育为原则。一般喜光性很强的桃类果树以 2～3 个主枝为宜，再在每个主枝上配置 2～3 个侧枝，这样有利于提高主枝的尖削度，增强负荷能力。骨干枝配置过多，势必出现枝梢交叉或重叠现象，影响树冠各部位的光照条件，不利于果树正常生长发育。

（4）**骨干枝角度** 骨干枝开张角度依据果树树种类别及其所需培养树形而定。对于无中心干的开心树形，主枝通常采用单轴变角曲线延伸，一般要求主枝的基角小、腰角大、梢角中等，通过合理开张主枝的开张角度可以调和树体的营养生长与生殖生长的矛盾，促进枝梢开花坐果，缩短果树的幼龄期。

2. 果树主要树形　果树树形分无支架树形和有支架树形。无支架树形的主要发展趋势是由高大树冠向开张矮化方向发展，由多层次的树冠骨架向骨干枝简化树形发展，由强剪造形向更适宜果树生长特性的自然树形发展，由仅考虑单一树形向兼顾树冠群落结构发展；有支架树形结构主要考量是否有利于平衡树体的营养生长与生殖生长，是否方便园地作业管理和游客观光体验需求。

（1）自然开心形　自然开心形树形的主枝在主干上错落着生，副主枝或侧枝在主枝上左右两侧分布，骨干枝配置灵活多样。在南方温暖湿润地区，果树的顶端优势和垂直优势十分明显，通过开张骨干枝角度有利于缓和果树的营养生长，促进树体生殖生长，同时，树体冠层枝梢也能充分受光，提升光合效能。该树形适用于绝大多数果树。

① 三主枝开心形。三主枝开心形干高 40～50 cm，主枝 3 个。相邻主枝间的水平方位夹角 120°，主枝单轴变角延伸，主枝与中心垂线夹角为基角 35°～40°、腰角 50°～60°、梢角 40°～50°，每个主枝上配置 2～3 个副主枝，全树共有 6～9 个副主枝，第一副主枝距主干 35～45 cm，三个主枝的第一副主枝依次伸向各主枝相同一侧，第二副主枝距第一副主枝 40～50 cm，着生在主枝的另外一侧，主枝和副主枝上配置结果枝组和结果枝，大型枝组配置在主枝中下部或副主枝基部，中型枝组配置在主枝、副主枝的中部，小型枝组一般配置在主枝、副主枝的上部，也可配置在大、中型枝组间填补空间。该树形适用于对光照条件要求较高的桃、杏等果树，李、中国樱桃等果树适用多主枝（3～4 个）开心形，骨干枝开张角度宜小于桃类果树。

② 两主枝开心形。两主枝开心形定干高度 40～50 cm，树高大约 2.5 m，主枝 2 个。两主枝间的水平方位夹角 180°，主枝单轴变角延伸，主枝与中心垂线夹角为基角 35°～40°、腰角 50°～60°、梢角 40°～50°，每主枝配置 2～3 个侧枝，加大主枝的尖削度，提高主枝负载量，第一侧枝距主干 30～40 cm，侧枝与主枝的分枝角度

50°～60°，向外侧延伸，第二侧枝在主枝的另外一侧，距第一侧枝40～50 cm，第三侧枝可以不配置，若配置的话则距第二侧枝30～40 cm，与第一侧枝同向，主枝和侧枝上配置结果枝组与结果枝。两主枝开心形通风透光良好，能够充分利用太阳光能，果实着色佳，也有利于糖分积累，适用于平地观光采摘桃园，方便游客深入园地开展赏花品果等观光体验活动，或坡地桃园水平带较狭窄不宜配置第三主枝的地域。

（2）多主枝圆头形 多主枝圆头形无中心干，选留主枝4～5个。主枝既可以通过在主干上短截顶干选留，也可以从抽发的基生枝中选留，要求疏除交叉、重叠、密生、细弱枝及多余基生枝，主枝与中心垂线夹角控制在25°～45°范围内，及时对主枝进行留外芽摘心处理，主枝上每隔30～40 cm选留一个侧枝，侧枝上再配置结果枝组或结果枝，形成紧凑丰满的圆头形。这种树形树冠饱满，但通风透光稍差，需控上促下，防止下衰。多主枝圆头形适用于蓝莓类果树。

（3）小冠主干分层形 小冠主干分层形有中心干，分3～4层培养主枝。种苗定植后不截顶定干，从首次抽生的枝梢中选留3个侧芽枝作为第一层主枝，该层主枝与中心干夹角为60°～65°，其余枝梢删剪，从中心干第二次萌发的枝梢中选留与第一层距离大于45 cm的2个侧芽枝作为第二层主枝，其余枝梢删剪，该层主枝与中心干夹角为50°～60°，按同法选留第三或第四层2个主枝，主枝与中心干夹角为45°～50°，树冠骨架初步形成后，对主枝萌发的背上枝可于7月初进行拿枝处理，促进成花坐果，后期可对中心干进行落头处理，把树冠高度控制在3.0 m以内。该树形适用于枇杷类果树。

（4）自由纺锤形 自由纺锤形有中心干，中心干上着生12～15个侧枝。种苗定干高度60～70 cm，定干时保留剪口下第一芽，抹去其下第二、第三芽。7月份将选留的3～4个侧枝拉成近水平状，侧枝与中心干夹角为80°～90°，冬季修剪时中心干延长枝截留70～80 cm，保留剪口下第一芽，抹去其下第二、第三芽。各侧枝在上部外向饱满芽处实行轻短截，同样抹去剪口下第二、第三芽，尽量培养长侧枝。对中心干及其延长枝在芽膨大期按不同方位刻芽3～5个，促发长梢，培养侧枝。对选作侧枝的侧向芽进行刻伤促梢，培养结果枝组或结果枝。生长季对中心干延长枝和侧枝延长枝进行刻芽、抹芽、拉枝处理，对生长偏旺的新梢适时摘心，并适时对选留的侧枝进行拉枝处理。冬季修剪时对骨干枝延长枝实行轻短截，对没有被选为侧枝的旺枝实行中或重短截，培养结果枝组。树冠高度一般控制在250～300 cm，树高达到要求后对中心干延长枝截顶，培养最上一层侧枝。自由纺锤形适用于大樱桃。

（5）低主干多侧枝放射形　低主干多侧枝放射形定干高度30～40 cm，无中心干，在主干上培养侧枝8～12个。侧枝通过对种苗适时短截或摘心培养，种苗定植后先定干，一般可萌发新梢5～6个，当新梢长至10～20 cm时进行摘心，以促发分枝，一般要求下部新梢留长，上部新梢留短，若一次摘心发枝太少，可反复摘心2～3次，确保选留侧枝8～12个，多余枝梢全部疏去，第二年5月下旬至6月上旬，所有侧枝均留2～4芽重短截，促使其萌发新梢，作为下年的结果母枝，短截时间以保证新梢有充足时间生长发育为度。以后每年都在相同时间段对结果母枝进行重短截。冬季修剪时将夏季萌发的过弱小枝从基部剪除，并将保留的结果母枝适当短截，一般剪去枝梢顶端生长不充实的部分。低主干多侧枝放射形适用于生长势十分强盛的桑葚类果树。

（6）支架整形　支架整形适用于需依附支架生长的猕猴桃、葡萄等藤蔓类果树，包括支架和整形两部分。架式种类因藤蔓类果树品种特性、果园立地环境条件等而异，常用架式有V形架、T形架、平顶大棚架和倾斜式小棚架等，其中V形架、T形架多用于单体拱棚或采取水平带整地的坡地果园，平顶大棚架和倾斜式小棚架适用于联栋大棚或片状整地的缓坡地果园。T形架、平顶大棚架有利于缓和攀附果树的树势，促进树体进入生殖生长，适用于树势较强的猕猴桃类和葡萄中树势较强的品种类型，V形架一般适用于葡萄中树势中等或偏弱的品种类型。藤蔓类果树架式结构决定树形，要求合理选择架式，依架整形修剪，定植株行距、主蔓截留长度需根据藤蔓类果树品种生长势强弱、果园土壤肥力水平及肥水管理条件等因素确定，主干高度一般以方便园地管理者作业为度。下述支架整形适用于猕猴桃中的红阳类品种。

架式结构：支柱通常采用钢筋水泥柱，长度 260 cm 左右，粗度 10～12 cm，横梁常用三角铁或 6 号钢筋，架线一般采用热镀锌钢绞线。棚架支柱埋入土中 60 cm，地上部分 200 cm，支柱间 300 cm×400 cm，每块地四周支柱顶部宜用三角铁或钢筋架设，支柱间沿行内方向每隔 50 cm 左右拉一根塑料钢绞线，行内上空拉设 5 道钢绞线。

整形要求：树形结构分为主干、主蔓、结果母蔓和结果枝蔓 4 个层级，全树 1 个主干，垂直向上生长，高度 1.6～1.7 m，主蔓 2 个，沿行内朝相反方向平行生长，在株行距 2 m×3 m 的园地里，主蔓长控制在 1～1.1 m，主蔓在主干上着生点距中间钢绞线垂直距离 30～40 cm，主蔓基部与主干延长线成 60°～70°夹角，两侧主蔓上各配置 4 个结果母蔓，每个结果母蔓长度 1.5 m 左右，均匀地选留在主蔓的两侧，要求两侧第一结果母蔓距离主干延长线与架面交叉处 10 cm。同一主蔓上相邻结果母蔓间距为 30～50 cm，且方向相反，选留结果枝蔓时要考虑结果母蔓的健壮程度，可以按以产定果来推算结果枝蔓总量，一般每个结果母蔓上留 2～3 个结果枝蔓。

3. **果树修剪方法**　果树修剪的常用方法，主要有短截、疏删、回缩、除萌、抹芽、刻芽、摘心、扭梢、拿枝、剪梢、拉枝等多项技术。

（1）短截　指把长的枝条剪短。短截主要用于骨干枝的延长枝修剪，以降低分枝部位，增强新梢长势。也用于骨干枝上徒长枝、徒长性结果枝修剪，促进枝条分枝，以培养结果枝组。

短截修剪分为轻短截、中短截和重短截类型。

① 轻短截。只剪去当年生枝梢的先端部分。

② 中短截。通常剪去当年生枝梢全长的 50% 左右。

③ 重短截。通常剪去当年生枝梢全长的 70% 左右。

（2）**疏删** 指将枝梢从基部剪除。疏删的功用在于删除扰乱树形的竞争枝、徒长枝、交叉枝、重叠枝及衰弱枝等，使各类枝条在树冠内部分布合理，改善通风透光条件，促进成花坐果，提升果实品质。

（3）**回缩** 指对多年生枝段进行短截。通常用于前端枝梢长势趋弱需要进行更新复壮，或树冠间枝梢交叉需要控制枝条延伸生长。

（4）**除萌** 指剪除或抹去主干部位或砧木基部所抽发的萌蘖。

（5）**抹芽** 根据树形培养要求，在生长季节及时用手抹去剪口或锯口第一芽下侧的竞争芽或骨干枝背上芽。

（6）**刻芽** 指在中心干芽体膨大期，对需要培养主枝的芽位进行刻伤处理，以促使芽体萌发成枝。刻伤位置是在被刻芽上方与芽尖齐平处，刻伤深度宜在树干皮层和木质部之间。刻伤工具一般选用小钢锯。

（7）**摘心** 指摘去当年生新梢顶端的幼嫩部分。通常在骨干枝延长枝达到一定长度时需要进行摘心处理，以促进下侧芽体充实饱满，或对树冠内膛徒长枝或长枝进行摘心，以促发分枝，培养结果枝组。

（8）**扭梢** 指在新梢半木质化时用手轻微扭转当年生新梢，改变扭梢部位上端梢段的延伸方向。扭梢可以缓和枝势，利于成花结果。扭梢对象是骨干枝上抽发的徒长枝。

（9）**拿枝** 指在新梢半木质化时用手握住枝梢从基部至中部进行渐进式拿捏处理，以改变枝梢延伸方位。枝梢经拿枝处理后，木质部轻微折伤，可以缓和营养生长，促进成花结果。

（10）**剪梢** 指将当年生新梢剪去一部分或全梢剪除，一般对错过抹芽或摘心时间的无用枝梢采用剪梢处理。剪梢的目的在于促使剪梢口下侧抽发分枝或改善光照条件。

（11）**拉枝或撑枝** 指在果树幼龄期整形阶段采用绳拉或杆撑的办法开张骨干枝与树冠中心垂线间的夹角，调整骨干枝延长枝伸展方位。嫩梢期可用牙签撑嫩梢，后期则用撑枝器，拉枝时间宜在枝条处于半木质化状态时进行为妥。另外，撑枝处理也用于开心整形的桃类果树，当骨干枝因果实负载可能会从主干上撕裂时，在果实膨大期至果实成熟期对骨干枝中上部进行支撑保护。

4. 果树修剪时期

（1）休眠期修剪　休眠期修剪指落叶果树从冬季落叶后至春芽萌动之前或常绿果树从秋梢停长至春芽萌发之前进行的修剪。猕猴桃、葡萄等藤本果树休眠期修剪时间要求在冬季落叶后至伤流开始前，一般宜在1月底前完成修剪作业。

（2）生长期修剪　生长期修剪是指果树在春季萌芽后到冬季落叶前进行的修剪，根据修剪季节又分为春季修剪、夏季修剪和秋季修剪。生长期修剪是对果树休眠期修剪的补充或调整，生长期修剪包括除萌、抹芽、摘心、剪梢、扭梢、拿枝、撑枝、拉枝等，旨在培养果树树形、改善通风透光条件、调节树体生长矛盾、促进果树优质丰产。

5. 修剪技术综合应用

（1）改变枝梢开张角度

① 加大枝条开张度。延长枝剪口芽选留外芽；延长枝选留外向二次枝；里芽外蹬培养骨干枝延长枝；利用拉枝、撑枝或拿枝开张枝条角度；通过以果压枝开张角度。

② 缩小枝条开张度。延长枝剪口芽选留内芽；延长枝选留内向二次枝；利用吊枝、撑枝缩小枝条开张角度；枝条上部少留果枝。

（2）调节枝梢花芽数量

① 增加枝梢花芽量。剪除内膛直立性徒长枝、过密枝，改善树冠光照条件；加大骨干枝开张角度；采取拉枝、拿枝、扭枝或长放修剪缓和枝势，促进成花坐果。

② 减少枝梢花芽量。适当缩小骨干枝开张角度；休眠期多用短截修剪；加强氮素营养，促进枝梢生长。

（3）调控枝梢长势

① 强壮树修剪。采取长放、拉枝、拿枝、扭枝、轻短截等措

施缓和树势；骨干枝延长枝剪口芽选留外侧芽，加大枝梢开张角度。多疏枝少短截，疏去徒长枝、过密枝、重叠枝、交叉枝，改善树冠光照条件。

② 弱势树修剪。骨干枝延长枝选留较直立的小角度枝梢或剪口芽留内侧芽；删剪弱枝，留中庸及强壮枝；多留营养枝，少留结果枝，提高叶果比；回缩枝梢先端衰退枝，促枝群结构更新复壮。

③ 上强下弱树修剪。对有中心干的树形，在中心干延长枝基部低位换头，弯枝伸长，削弱顶端优势；对开心树形，删除树冠内膛直立性徒长枝。树冠上部多疏枝少短截，去强留弱，去直留斜，多留果枝；在树冠下部少疏枝多短截，去弱留强，去斜留直，少留果枝。

④ 外强内弱树修剪。开张骨干枝角度，改善树冠内膛光照条件；内膛去弱留强，去斜留直，少疏枝多短截，培养球形结果枝组；外围多疏枝少短截，去强留中，去直留斜。

第六节　花果管理

果实是果树的收获器官，花朵是孕育果实的基础，果实数量和质量直接关系果树生产的丰产性和商品性，加强果树花果管理，采取有效调控措施，对于提高观光果树开发经营效益具有重要意义。

一、花果数量调控

果树合理负载是品质形成和丰产稳产的基础。果树负载量的影响因素包括树种、品种、树龄、树势、树冠大小、土壤肥力、栽培水平等。负载量过低则产能不足，影响经济效益；负载量过高会影响果实的商品质量，容易引发大小年结果现象，甚至导致树体提早衰败。

1. 促花保果　果树开花数量取决于花芽分化质量，生产上通过调节与花芽分化有关的各种内外因素，就可以提高树体的花芽分化质量。坐果率是产量构成的重要因素，促花保果的目的就是促进树体花芽分化，提高果树的坐果率。

（1）加强肥水管理，提高树体贮藏营养 以采果或观花为目的的观光果树，在幼龄期要求以营养生长为主，应加强肥水管理，注重氮素肥料使用，加速培养树冠；在幼龄期结束至结果始期要求促进树体从营养生长过渡到生殖生长，这阶段应适时调整氮、磷、钾肥配比，减少化肥尤其是速效氮肥的使用，同时，在果树花芽分化期间，还可以通过采取土壤适度控水措施，提高器官组织细胞液浓度，增加花量。

（2）通过整形修剪，适度控制营养生长 整形修剪是调节果树开花数量的重要技术措施。通过选择开心树形，加大骨干枝、结果母枝或结果枝的开张角度，采取拉枝、拿枝、扭枝或长放等修剪手段可以有效地促进枝梢花芽分化。

（3）采用辅助技术，提高授粉受精效果 非自花授粉果树合理配置授粉树品种；改善果园区域小气候环境条件，实施花期或果实成熟期避雨栽培措施；对雌雄异株果树实施人工辅助授粉，包括人工点授、机械喷粉，或放养蜜蜂；对于无籽或无核果树品种在花期及生理落果期喷施相应的植物生长调节剂；在果树花蕾期喷施硼砂及其他有利于授粉受精的微肥；适时防治食心虫、花蕾蛆、花腐病等为害果树花器的病虫害。

2. **疏花疏果** 果树疏花疏果是指在花量过大、坐果过多时，疏去过多的花朵或果实，使树体合理负载。以克服大小年结果现象，增大单果重，增进品质，提高果实商品性。

（1）疏花疏果原则 果树疏花疏果的基本原则是根据单位面积预期产量，全园果树分摊定产，各骨干枝细分测算，看果枝状况疏花留果。

（2）疏花疏果时间 疏花疏果时间应根据果树品种、树龄、树势、花量来确定。生产上一般采用疏果，但若树体当年花量过多，也可先进行剪花枝或疏花序调控，后期再进行疏果。

疏花时间：在果树花蕾初绽期至开花期。生产上对一些果树可以采取剪花枝或花前疏花穗等措施。

疏果时间：通常在果树生理落果结束后至果实快速膨大期前进行。可在能分辨出果实发育好坏时一次性疏后定果，也可先初疏小果、后期再细疏定果。

（3）疏花疏果方法 果树负载量按照树体分摊预期产量测算，并结合参考树冠大小、树势强弱及往年产量情况等。果枝留果数量依据结果母枝或结果枝强弱、长短确定，对于中等果型果树品种，一般中果枝留果 2～3 个，长果枝适当多留，短果枝留果 1 个或不留，疏果作业时一般要求先疏畸形果、并生果、病虫果、小果，再疏密生果、朝天果。对于南丰蜜橘、脆皮金橘等小果型品种，一般要求果枝适当多留果，对于宫川、由良等特色柑橘类品种，小果型反而比大果型有利于糖分积累，果实风味浓郁，也耐贮藏保鲜。因此，要求果枝适当多留果，谨防果枝挂果过少，导致产生浮皮大果。

二、果实品质形成

果实品质包括果实外观品质和内在品质，外观品质是指果个大小、形状、色泽、整齐度、洁净度等，内在品质是指果肉质地、风味甜酸、香气浓淡、果汁多少及食用安全性等。

1. **果实大小** 采取配套技术，生产果实的果个大小能够呈现栽植品种固有特征：

（1）培养结构合理、通风透光的丰产树形，树体光合同化能力强。

（2）优化肥分配比，适时适量管控肥水，满足各个生长发育期树体对营养和水分的需求。

（3）非自花授粉品种实施人工辅助授粉，确保树体能够正常授粉受精。

（4）实施疏花疏果，使树体合理负载，保证树体挂果能够得到生长发育所需的同化营养和矿质营养。

2. **果实色泽** 果实色泽是评价外观品质的重要指标，在生产上可以采取有效的调控措施，改善果实色泽。

（1）选择坐北朝南、光照充足、日夜温差较大的坡地建园。

（2）宽行稀植，开心整形，通风透光，定植方式和培植合理的树形有利于树体同化产物积累。

（3）加强土肥水管理，提高土壤有机质含量，改善土壤团粒结构，提高土壤供肥、供水能力。果实转色成熟期控制氮素肥料使用，果实膨大期适当增施钾肥，适时补充硼、钙、镁等微量元素。果实成熟期避雨控水，保持土壤适度干燥。

（4）对部分果树采取果实套袋，改善果实色泽，保护果粉，提高商品性。

（5）在果实转色成熟期，在树下畦面铺黑白双色反光膜，改善树冠内膛和下部的光照条件，解决这些部位果实着色不良问题。

3. **果面光洁度**　果实的果面光洁度直接关系果实的商品性状，在生产上可以通过采取有效措施防控造成果实表面粗糙、疤痕、裂纹、不洁净，提高果面光洁度。

（1）实施果实套袋，防控病虫、日灼、果面污染、枝叶摩擦和生理裂果，保持果皮光洁细嫩，果点微小，色泽鲜艳，同时，减防农药残留，提高果品的食用安全性。

（2）及时防治蓟马、椿象、害螨、疮痂病等果面病虫害，合理选择喷布农药和根外喷肥的种类、剂型和浓度，合理掌握施用时间，谨防因使用不当导致果面因药害或肥害受到损伤。

（3）果实采摘后分级包装前进行洗果处理，洗去果面附着的粉尘及其他污染物，恢复果面洁净光亮。

4. **果实风味**　风味是果实内在品质最重要的综合指标。果实风味受果树品种特性、区域气候环境、立地土壤状况和栽培管理措施等因素的综合影响。

（1）选择相关果树资源中的高糖系类型、高糖低酸类型、富含芳香物质类型，一般来说果实生长发育期较长的中晚熟品种比早熟特早熟品种风味佳。

（2）果树品种只有在其优势分布区域种植才能充分呈现种质固有特征，适地适树是果实风味提升的前提。

（3）土壤有机质水平和质地状况是果实风味提升的基础。积极施用饼肥、羊粪肥等优质有机肥料，适当控制氮素化肥施用，可以改善土壤水肥气热状况，有利于优质果品生产。

（4）宽行稀植、高光效树形可以充分发挥果树的光合效能，促进果实糖分积累，增进果实风味。

（5）果实转色后至成熟前通过采取设施避雨、控水灌溉措施，果实经历轻度水分胁迫能够提高糖分水平，促使果实风味变浓。

三、果园鲜果采摘

果实采摘时间和采摘方法对保持果实品质至关重要。采前园地清理覆盖，方便游客观光采摘。

1. 果实采摘时间 果实采摘期对其品质和产量有着很大的影响。过早采摘，果实固有的种质内外特征尚未充分呈现，导致果实色差味淡；过迟采摘，则果实多半已过度成熟，易软腐落果，商品果率低，且可采期短，果实不便携带。因此，需要根据观光果树品种特性和观光采摘园的客源情况合理确定最佳采摘成熟度。

判别果品成熟度的主要方法：

（1）果实外表色泽呈现情况 多数果实成熟时，果皮都会呈现果树品种固有的色泽，包括底色显现。可采用比色卡或色差仪测定，生产上通常根据种植者以往的经验判别。

（2）果实中食用部分的可溶性固形物含量 生产上采用折光仪或糖度计测定果实的可溶性固形物含量。

（3）果实食用部分的硬度指标状况 生产上采用果实硬度计测定果实硬度指标变化情况。

（4）从开花盛期以来果实经历的生长发育时间 每种果树从开花至果实成熟都需要经历一定的生长发育天数。

对于观光采摘果园，一般要求当园内果实成熟度达九成甚至九成五时再采摘，让游客能够在果园中真正品尝到具有浓厚风味的时令鲜果，这样会给仅局限于线下或线上采购水果的游客一种从未有过的果实风味体验，提升对水果观光采摘游的乐趣。

2. **采前地面覆盖**　果树观光采摘园采用园艺地布覆盖，可以营造一个清洁的果园地表环境，方便游客开展入园观光采摘活动。果园覆盖地布分树盘覆盖和全园覆盖，前者仅在定植行两侧树盘区域覆盖，树盘以外区域实行计划留养地被植物，后者为全园覆盖，一般需预先在果树定植行内埋设地下肥水一体化灌溉系统。园艺地布一般由聚丙烯或聚乙烯材料制成，具有一定的透气性和渗水性，可以防止覆盖区域地表杂草生长。园艺地布宽幅多数为 100 cm，长度可根据实际情况裁剪。

3. **鲜果采摘方法**　在果园自然生长果实的成熟度往往不一致，要求有选择地采摘和分批采摘。果实采摘要有计划性，应该根据果实成熟度决定采摘时间和采摘数量。果实的采摘方法根据果树种类确定，要求落实必要的防护措施，采用相应的采果工具，做到采摘过程果实无损伤，对于果梗与枝条不易脱离的果树需用采果剪采收果实，对于果梗和短果枝间容易产生离层的果树，采摘时一般宜保留果实的果梗。

第七节　土肥管理

果园土肥管理是果树优质高效栽培的基础工作，肥料种类选择、施肥数量多少、施用时间早晚直接关系到果树能否顺利地生长发育，果园化肥盲目施用会导致成本增加、果树损伤、坐果不利、品质不佳、土质变差甚至环境污染等问题，要求针对果园土壤的肥力状况和果树的需肥情况，实施科学地肥分管理，逐步改良土壤的理化性状，为果树生长发育创造良好的土壤环境。

一、土壤养分及 pH 分级标准

《浙江省耕地质量调查土壤养分及 pH 分级标准》包括《土壤大量元素养分分级标准》《土壤中微量元素养分分级标准》和《土壤 pH 分级标准》，该分级标准可以作为评判果园土壤肥力丰缺的参考指标，通过测定果园土壤有机质、全氮、有效磷、速效钾、

pH 及主要中、微量元素等项目实际数据，结合分级指标比较分析，就可以基本摸清园地土壤的肥力水平，为果树科学施肥提供决策依据（表2）。

表2　土壤大量元素养分分级标准

项目名称	测定方法	高		中		低	
		1	2	3	4	5	6
有机质（g/kg）		>50	40~50	30~40	20~30	10~20	≤10
全氮（g/kg）		>2.5	2~2.5	1.5~2	1~1.5	0.5~1	≤0.5
有效磷（mg/kg）	碳酸氢钠法	>40	20~40	15~20	10~15	5~10	≤5
	盐酸氟化铵法	>30	15~30	10~15	5~10	3~5	≤3
速效钾（mg/kg）		>200	150~200	100~150	80~100	50~80	≤50

注：引自《浙江省耕地质量调查土壤养分及 pH 分级标准》。

土壤中量和微量元素包括钙（Ca）、镁（Mg）、锌（Zn）、铁（Fe）、锰（Mn）、钼（Mo）和硼（B）等，通过取样测定有关项目的指标情况，就可以基本摸清果园土壤的中、微量元素水平，为合理调控提供依据（表3）。

表3　土壤中、微量元素养分分级标准

项目名称	测定方法	高		中	低	
		1	2	3	4	5
Ca（mg/kg）	NH₄AC	>600	500~600	400~500	300~400	≤300
Mg（mg/kg）	NH₄AC	>150	100~150	60~100	30~60	≤30
Zn（mg/kg）	DTPA	>3	1~3	0.5~1	0.3~0.5	≤0.3
Fe（mg/kg）	DTPA	>20	10~20	4.5~10	2.5~4.5	≤2.5
Mn（mg/kg）	DTPA	>15	10~15	5~10	3~5	≤3
Mo（mg/kg）	Tammi	>0.3	0.2~0.3	0.15~0.2	0.1~0.15	≤0.1
B（mg/kg）	沸水	>2	1~2	0.5~1	0.2~0.5	≤0.2

注：引自《浙江省耕地质量调查土壤养分及 pH 分级标准》。

果树生长发育对土壤酸碱度均有一定要求，多数果树适宜微酸性至中性土壤，其中葡萄类果树对土壤酸碱度适应范围广，而蓝莓类果树则要求偏酸性土壤。因此，在观光果树基地建设管理中，需要明确适宜果树生长发育的土壤酸碱度范围，把果园土壤的 pH 逐步调整到果树需求的适宜区间（表4）。

表4　土壤 pH 分级标准

项目名称	1	2	3	4	5	6
pH（H$_2$O）	6.5～7.0	6.0～6.5	5.5～6.0	5.0～5.5	4.5～5.0	≤4.5
	7.0～7.5	7.5～8.0	8.0～8.5	8.5～9.0	>9.0	

注：引自《浙江省耕地质量调查土壤养分及 pH 分级标准》。

二、土壤改良

1. pH 调整　任何果树都有其适宜的土壤酸碱度（pH）区间，当土壤 pH 在特色果树适宜的 pH 范围内时才有利于有关营养元素的吸收利用，更好地促进植株的生长发育。

土壤 pH 偏高时，常用土施硫黄粉（200 目*）的方法进行调整。当土壤的 pH 在 4.5 以上时，每 1 m³ 降低 0.1 个 pH 单位，需施硫黄粉 10～15 g，施用硫黄粉数量因土壤质地而异，一般沙土低、壤土高。

土壤 pH 偏低时，常用土施生石灰粉（100 目，即粒径 0.15 mm）的方法进行调整。一般 pH 为 5.0～5.4 时，每亩**用生石灰 60 kg，pH 为 5.5～5.9 时，用生石灰 35 kg，pH 为 6.0～6.4 时，用生石灰 20 kg。

在采用石灰改良酸性土壤时，可以在果树种植前或越冬前结合有机肥一起施用。

2. 扩穴深翻　山地果园可以通过扩穴深翻，改善土壤的理化性状，为果树根系的后续生长创造有利条件。扩穴深翻一般在果树幼龄期进行，从原定植穴逐年向外围翻土，施工作业时通常结合施

---

* 目为非法定计量单位，为便于生产中应用，本书暂保留。200 目表示物料粒径为 0.074 mm。——编者注

** 亩为非法定计量单位，1 亩≈667 m²。——编者注

用有机质肥料，提升土壤肥力水平，加快根域土壤熟化进程，促进根系向纵深伸展，为培养开张树冠奠定根系基础。

3. **中耕松土**　中耕松土是果树生长期土壤管理的一项措施。指采用中耕机或铁板类农具对果园地表进行松土作业，中耕深度以不损伤果树粗根为原则。通过中耕松土可以促进中耕土层疏松通气，并可适时铲除杂草，防止杂草滋生对果树生长的不良影响。

4. **地面覆盖**　采用割草机或农具将果园地被植物刈割后覆盖于果树畦面。果园实施地面覆盖可以增加土壤有机质，防控土壤水分蒸腾，防止高温干旱对土壤表层根系的伤害。浙南山区覆盖时间一般选在雨季结束后至干旱来临前，覆盖区域范围根据覆盖材料数量确定，如果覆盖材料数量有限，也可仅覆盖树盘区域，覆盖厚度为 15～20 cm。

三、果园肥分调控技术路径

根据农业部关于《到 2020 年化肥使用量零增长行动方案》的通知精神，在果园肥分调控上，要求树立"提质施肥、环保施肥、经济施肥"的理念，增加有机肥资源利用，减少不合理化肥投入，转变施肥方式，推进科学施肥。

1. **实行测土配方施肥，推进精准施肥**　根据果园土壤实测肥力水平、果树需肥规律和预期产量，合理制定果园各片区果树单株施肥限量标准。

2. **用有机肥替代部分化肥，调整化肥使用结构**　合理利用有机养分资源，实现有机无机相结合，根据果树种类和年生长发育期特点，优化氮、磷、钾配比，改偏施单元氮肥为选用合适配比的多元复合肥，既施氮、磷、钾大量元素肥料，也注重补充钙、镁、硼、锌等中微量元素肥料。

3. **改进果园施肥方式，提高肥料使用效率**　在果园施肥方式上，要求以土壤施肥为主，结合叶面喷施，改撒施、浅施为适度深施，设施栽培基地逐步推行水肥一体化施用技术。积极选用果树专用肥或缓释肥等新型肥料。

四、果树栽培肥料种类选择

1. 化学肥料　化学肥料是指用化学方法制造或由矿石加工制成的肥料，化肥具有肥分含量高、施肥见效快等特点。

（1）多元化肥

① 三元复合肥。果树对氮、磷、钾三大元素都有一定需求，多数果树属忌氯植物，在生产上宜选用硫酸钾型三元复合肥，该复合肥采用重钙或普钙作磷源、硫酸铵作氮源、硫酸钾作钾源。三元复合肥通常用 $N - P_2O_5 - K_2O$ 表示相应养分的百分含量，一般在果树幼龄期可选用氮磷钾为 15 - 15 - 15 的通用型三元复合肥，当果树进入初结果期后则宜选用中氮低磷高钾的硫酸钾型三元复合肥，主要有 17 - 6 - 22、16 - 6 - 20、22 - 5 - 13、20 - 10 - 15、15 - 10 - 15、18 - 9 - 18 几种配比式，三元复合肥作基肥或追肥均可，生产上常在果实膨大期作为追肥施用。注意复合肥产品中一般不添加微量元素养分。

② 二元复合肥。代表品种为磷酸二氢钾，属磷钾二元复合肥，含磷（P_2O_5）52%、含钾（K_2O）34%，该化肥水溶液呈微碱性，有吸湿性，通常在果树叶面喷施 0.2%磷酸二氢钾以补充树体所需的磷、钾元素。

③ 多元化肥。代表品种为钙镁磷肥，一种以磷为主，兼含钙、镁、硅的多元化肥，含磷（P_2O_5）12%～18%，含钙（CaO）25%～30%、含镁（MgO）10%～15%，生产上常作为磷肥施用，也可作为补钙肥或补镁肥，属化学碱性肥料。钙镁磷肥适用于酸性红壤土，可改良山地酸性土壤，防止土壤酸化。钙镁磷肥属缓效肥料，可以作为果树越冬基肥，一般宜结合有机肥料混合施用。

（2）单元化肥

① 尿素。属于酰胺态氮肥，含氮（N）约 46%，属中性速效肥料。施用后在土壤中不残留任何有害物质。尿素常用作果树促梢肥，既适宜土施，也可叶面喷施 0.2%～0.3%尿素以补充树体所需的氮元素。

② 硫酸钾。一种水溶性钾肥，含钾（K_2O）$50\%\sim52\%$，属生理酸性肥料。硫酸钾是一种无氯钾肥，可以作为忌氯果树的钾素化肥品种，硫酸钾常作为果树促花肥或壮果肥施用。

2. 有机肥料

(1) 饼肥 饼肥是指油料植物种子经榨油后剩下的残渣，饼肥种类因油料植物而异，常见的有菜籽饼、大豆饼、芝麻饼和茶籽饼等。饼肥富含有机质，并含氮磷钾三大元素及多种微量元素，一般含有机质 $75\%\sim85\%$，含氮（N）$1.2\%\sim7\%$，含磷（P_2O_5）$0.4\%\sim2.5\%$，含钾（K_2O）$1.3\%\sim2.1\%$。饼肥中的氮、磷多呈有机态，须经微生物分解后再被吸收利用，钾呈水溶性，可快速被果树根系吸收，合理施用饼肥可以提升果实品质。菜籽饼氮、磷、钾含量较多，营养元素丰富，为南方常用饼肥品种。茶籽饼在饼肥中氮、磷、钾含量低，但含有较多的抗生物质，有利于防控果树根部病虫为害。饼肥在施用前需经过发酵腐熟，以避免高温烧根。

(2) 畜禽粪肥 畜禽粪肥是指采用畜类或禽类排泄物制作的肥料，该类肥料含有丰富的有机质和多种营养元素，经充分发酵腐熟后是良好的有机肥料。部分畜禽粪肥属热性肥料，作为越冬基肥使用有利于保持土壤温度，还有部分畜禽粪肥可能存在火碱或盐分等问题，对果树生长发育不利，需谨慎选用。

① 羊粪。羊粪呈颗粒状，质地较细，含水分少，经过发酵腐熟是一种很好的有机肥，属热性肥料。羊粪肥分浓厚，含有机质 $24\%\sim27\%$，比其他畜粪多，氮（N）$0.7\%\sim0.8\%$、磷（P_2O_5）$0.45\%\sim0.5\%$、钾（K_2O）$0.3\%\sim0.4\%$。施用羊粪有机肥可以使土壤疏松，提升肥力。生产上常把羊粪作为果树越冬基肥使用。

② 牛粪。牛粪质地细密，含水分多，腐熟缓慢，属冷性肥料。牛粪含有机质 $18\%\sim21\%$、氮（N）$0.3\%\sim0.35\%$、磷（P_2O_5）0.3%、钾（K_2O）0.2%。牛粪碳氮比大，使用时需配施适量的氮素化肥，以提高肥效。牛粪一般仅作越冬基肥使用。

③ 猪粪。猪粪质地较细密，含水分较多，属温性肥料。猪粪含有机质 $13\%\sim15\%$、氮（N）0.6%、磷（P_2O_5）0.4%、钾

（K_2O）0.14％。生产上常把猪粪与废菌棒、木屑或谷糠等辅料按一定比例混合发酵处理后使用，适宜作果树越冬基肥。注意新鲜猪粪中可能含盐分、火碱等成分，建议选用经过无害化处理的猪粪肥料。

④ 兔粪。兔粪呈颗粒状，比羊粪小，质地细密，含水分少，经过发酵腐熟是一种很好的有机肥，属热性肥料。兔粪肥分含量高，含碳水化合物 11％、纤维 27％、氮（N）1.5％、磷（P_2O_5）1.5％、钾（K_2O）0.8％～1.0％。兔粪碳氮比小，施入土中分解比较快，既可用于果树越冬基肥，也可作为追肥使用。

⑤ 禽粪。禽粪包括鸡粪、鸭粪、鹅粪及鸽粪等，该类肥料有机质和氮、磷、钾含量较高，属热性肥料。禽粪中以鸡粪最为常用，鸡粪含有机质 24％～25％、氮（N）1.5％、磷（P_2O_5）0.8％、钾（K_2O）0.5％。经过充分发酵腐熟、无害化处理后的禽粪可以作为追肥施用。注意禽粪容易招致地下害虫，新鲜禽粪中可能含盐分、火碱等成分，建议选用经过无害化处理的禽粪肥料。

(3) 绿肥 绿肥是果园基肥来源之一，可以在果园套种或计划留养，通过适期刈割覆盖再翻埋利用，各种豆科绿肥根系上的根瘤菌还能有效固定空气中的氮素，绿肥能够提高施用区域土壤的有机质水平和养分转化效率。果园绿肥种类丰富，主要有三叶草、紫云英、绿豆、蚕豆、苜蓿和藿香蓟等，实行计划生草的果园可通过选留培植适用杂草，在年周期内适时刈割利用。果园绿肥刈割时间适宜选在蕾期至初花期，或雨季结束干旱来临前。新鲜绿肥中，一般有机质含量为 11％～15％、氮（N）为 0.3％～2.4％、磷（P_2O_5）为 0.1％～0.6％、钾（K_2O）为 0.3％～1.6％。另外，果园绿肥还可防止水土流失，作为树盘覆盖物，减少地表水分蒸发，防止杂草丛生。

五、果园土壤施肥方法

1. **环状施肥法** 在果树树冠滴水线外侧挖一环状施肥沟，沟深以诱导果树根系往纵深方向伸长为宜，沟宽可结合施肥量酌情确定，将肥料均匀施入沟内后覆土。也可先开挖半环状施肥沟，下次施肥再在另一侧开挖半环状施肥沟，可防控肥害。环状施肥法适用于幼龄果树。

2. **条沟施肥法**　以果树树冠滴水线外侧为基准，于果树行间或株间开挖 1～2 条施肥沟，沟深以诱导果树根系往纵深方向伸长为宜，沟宽可结合施肥量酌情确定，将肥料均匀施入沟内后覆土。如果定植行内相邻树冠趋向靠拢时，也可采用隔株开沟，下次施肥区域选在上次未开沟的一侧。条沟施肥法适用于成龄果树。

3. **盘状施肥法**　在果树树冠滴水线以内区域开挖边缘稍隆起的盘状施肥作业区，然后将速效化肥均匀撒施到盘状施肥作业区内，再结合刨树盘将肥料翻入土中。采用盘状施肥法，宜根据天气预报，作业时间安排在下雨之前为妥，该法适用于初果期果树。

4. **放射施肥法**　在果树树冠滴水线附近区域，以树干为中心向外呈放射状挖 4～8 条施肥沟，沟深以诱导果树根系往纵深方向伸长为宜，沟宽可结合施肥量酌情确定，将肥料施入沟内后覆土。放射施肥法适用于树冠高大、根系发达类果树。

5. **注入施肥法**　采用施肥枪等机械设备将肥料注入果树根系分布最多的土层处，注入施肥法适用于密植果园或容器栽培的果树。

六、果树肥料施用时期

1. 土壤施肥

（1）秋冬基肥　基肥种类以有机肥为主，化肥为补充，基肥施用最适时间在秋末冬初，一般在霜冻来临前 20～30 d 为宜，通过基肥施用提高树体营养水平，促进枝芽饱满充实。

（2）适时追肥

① 幼龄树。施用追肥旨在培养树形、扩大树冠。一般幼龄果树每年度可以抽发 3 次有效新梢，要求在每次新梢萌发前与充实期各施一次追肥，促进新梢抽发整齐、健壮。露地栽培果树晚秋梢一般发育不充实，容易遭受冻害，应避免追肥后促发晚秋梢。

② 成龄树。施用追肥旨在促进坐果、花芽分化、果实膨大，以

及采果前后保持和恢复树势。已投产果树施肥时期包括早春萌芽肥、促花稳果肥、果实膨大肥、花芽分化肥和采果肥。花芽分化肥一般与果实膨大肥或基肥结合进行，不单独施用。成龄树施肥以硫酸钾型三元复合肥为主，注意控氮增钾，调和树势，防止树体营养生长过旺。

2. **叶面施肥** 果树施肥以土壤施肥为主，叶面施肥为补充。叶面施肥肥料种类分为大量元素类和中微量元素类。

(1) 大量元素类 指含有氮、磷、钾元素、适宜叶面喷施的化肥品种，生产上以磷酸二氢钾和尿素最为常用，通常在果树新梢充实期、花蕾期或果实膨大期进行叶面施肥，以补充树体磷、钾或氮元素，一般视树势强弱，一年内可多次使用。

(2) 中、微量元素类 指含有中量或微量元素、适宜叶面喷施的化肥品种，生产上以硼砂、硫酸锌、钼酸铵、硫酸锰及过磷酸钙浸出液使用较多，通常在果树初显某种缺素症状时对症下药，选用对应的中、微量元素化肥品种叶面喷施。浙南山区部分山地果园硼元素含量水平偏低，当树体表现出缺硼症状时，除了土施硼砂外，还可以在果树花蕾期或嫩梢期叶面喷施 0.2% 硼砂溶液。注意中、微量元素需限量使用，谨防因超量使用导致树体中毒。

第八节 水分管理

一、果树需水特性

水是果树光合作用、蒸腾作用、营养运输、生理代谢的重要原料，水也是果实的重要组成部分。一般来说，挂果期长、果实成熟晚、果实水分多的果树对水分需求较高，在果树年生长发育周期中，果树花芽分化期适当控水有利于花芽分化，果实快速发育期及时供水有利于果实膨大。

二、果园水分管理

浙南山区年降雨不均，一般上半年雨量偏多，6月则是梅雨季节，需做好防涝排涝工作。下半年除台风降雨外，相对干旱少雨，需防抗夏秋高温干旱。因此，上半年应重点做好果园排水防涝工作，平地果园要求深沟高畦，起垄栽培，地下水位高的区域则宜筑墩栽培，防止雨后园地积水；山地果园要求在顶部开挖截洪沟，水平带内侧开挖排水沟，水平带畦面中部隆起，防止雨后树盘积水。下半年经常会出现旱情，尤其是伏旱、秋旱、冬旱，需做好果园防旱抗旱工作，提前在果园高处建设蓄水池，或从高于果园的溪流、水库、山沟引水入园，并在果园内铺装喷滴灌系统，以便干旱来临时能放水灌溉或微灌供水。浙南山地果园需把果实成熟期在下半年的果树树种或品种作为防旱抗旱的工作重点，确保果实膨大期和果实采后期的果园水分供应。另外，在伏夏季节进行果园畦面覆盖，可以减少地表水分蒸发，提高果树的抗旱能力。

三、果园微灌供水

果园微灌是指利用微灌设备将水以微小的流量湿润果树根部主要分布区域的灌溉技术，包括滴灌和微喷灌两类。滴灌是指通过安装在支管上的滴头或通过滴灌水带，将水缓慢地滴入果树的主要根系分布区，设施栽培果树基地适宜安装滴灌系统；微喷灌是通过有一定压力的管网将水输送到果园支管中，再经过安装在支管上的雾化喷头将水喷出，也可在果园畦面安装微喷水带，将水均匀喷洒到果树根系主要分布区域，设施栽培果树基地同样适宜安装微喷灌系统。微喷灌比滴灌更能有效地调节果园小气候，具有一定的增湿降温作用。同时，果园微灌系统通过集合施肥设备即可以开展水肥一体化作业。另外，果园微灌供水能够保持土壤疏松通气，节水省工，可以提高灌溉作业效率。

第九节　冻害防控

一、果树冻害影响因素

果树冻害是指果树遇到 0 ℃或 0 ℃以下的低温造成的冰冻伤害现象；果树冷害是指在 0 ℃以上的低温条件下对喜温类果树造成的

伤害。根据冻害发生时间可分为冬季冻害和倒春寒冻害。果树冻害受种质遗传特性、生长发育状况、低温气象状况、区域环境条件及栽培管理水平等综合因素影响。

果树冻害主要指果树因受低温的伤害而使细胞和组织受伤,甚至死亡的现象。冬季,当大规模的冷空气活动特别强烈时,常会带来剧烈降温、积雪、冻雨和冰霜等冻害天气,使果树生产遭受损失。根据低温对树木伤害的机理,可分为冻害、霜害和寒害三种基本类型,影响果树冻害发生的因素很复杂,从内因来说,主要与树种、品种、砧木、树龄、生长势及当年枝条的成熟度及休眠与否均有密切关系,从外因来说,与气象、地势、坡位、坡向、水体、土壤、栽培管理等因素分不开。

1. **树种、品种及砧木抗逆性** 果树树种、品种及其砧木的抗逆性受种质遗传特性影响,个体间差异较大。要求选择果树优势分布区域、能够耐受极端最低气温地带发展种植。

2. **树龄大小、枝梢成熟度、物候期进展** 成龄果树根深叶茂,组织发育充实,能够及时停梢贮藏营养,枝梢发育健壮,木质化程度高,抗御低温能力强。同时,果树物候期从生长期转入休眠期后,树体对低温的抵抗能力明显增强,但提早解除休眠、春芽萌发早的果树容易遭受倒春寒危害。

3. **最低温度、变温速度及持续时间** 低温气象是造成果树冻害最重要的因素,但果树冻害程度不仅与最低温度指标有关,还与变温速度快慢及持续时间长短关联。一般日极端最低温度越低、从常温到低温或从低温到常温的变温速度快以及极端最低温度持续时间长,果树受冻就严重。

4. **区域位置、周边环境、栽培管理** 果树冻害还受果园区域位置、周边环境、栽培管理等地理环境及栽培管理影响,包括海拔、地势、坡向、坡位、水域、土质、土层、坐果、肥水、病虫等。

二、果树冻害常见症状

1. **芽及花果冻害** 果树芽体冻害一般发生在冬末早春,也就是当春芽开始萌动，芽鳞片出现松动后若遭遇果树不能耐受的低温就易受冻。枝芽受冻后，芽鳞片色泽褐变，严重的干枯死亡，花朵受冻后，柱头变黑干枯，花瓣早落，幼果受冻后幼胚褐变，发育停滞。

2. **枝梢冻害**　枝梢冻害与枝梢生长发育程度密切相关，一般组织木质化充分的枝梢抗冻性好。凡是早春抽枝早、晚秋停梢迟的枝梢，由于组织不充实，相对容易受冻。果树枝梢冻害最先表现为髓部变色，其次木质部变色，再次为皮层受冻变色。

3. **主干冻害**　果树若遭遇难以耐受的极端低温或变温十分剧烈，主干容易受冻。主干基部的根颈部位是果树对低温的敏感区域，也就是主干最容易受冻区位，表现为局部或环圈褐变或黑变。杨梅等果树受冻后还表现为主干皮层纵裂。

三、果树冻害防控措施

1. **选择抗寒性较强的特色果树资源**　在新建果园时，结合地理气候环境条件，注重从综合性状表现优异的种质资源中选择抗寒性强的果树资源类型，包括果树砧木（基砧与中间砧）也要求有较强的适应性和抗寒性。另外，可选择花期较晚能避开倒春寒的或在当地霜冻来临前果实能够自然成熟采摘的资源类型。

2. **选择地理小气候环境优越的地域建园**

（1）**根据拟种植果树选择适宜的海拔区段建园**　随着山区海拔升高，年极端最低气温降低，无霜期变短，冰雪天气增多，空气湿度增大，要求拟建果园地域历史上曾出现过的极端最低气温高于拟种植果树能够耐受的极端最低气温。

（2）**选择园区北侧有较大山体屏障的地域建园**　浙南山区在冬季常刮西北风，随风而至的冷空气主要来自北方的西伯利亚和蒙古等地区。因此，要求果园坐北朝南，北侧有山体屏障阻挡冷空气侵入，同时，在园区的北侧最好保留原始天然林分或培植防风林带。

（3）**在山地丘陵选择会出现逆温层的坡段建园**　浙南山区坡地存在逆温层效应，在园区规划设计时，可以把果园或喜温类果树布置在山体的逆温层地带，避开由于冷空气下滑而可能会形成"冷湖"的山体谷底区域。

（4）选择拟建果园周边有大水体地域建园　大水体对毗邻的区域小环境气温具有稳定调节作用，当冷空气来临时，通过果园周边水体可以有效地缓和降温幅度和变温速度，缩短低温持续时间，减防低温冻害对果树的伤害。

3. 实施避冻栽培提高树体抗寒性

（1）设施覆盖　采用毛竹、杂木搭制简易棚架，覆盖薄膜、遮阳网或杂草等防冻材料。在经济条件允许的前提下，可以采用钢管设施避霜防冻栽培。

（2）防抽晚梢　合理整形修剪，控制施肥时间，避免抽发晚秋梢，促进枝梢组织充实。

（3）树干涂白　霜冻来临前，以涂白剂涂刷树干，尤其主干部位。涂白剂配方：生石灰 10 份、硫黄粉（或石硫合剂）1 份、食盐 0.2 份、动植物油 0.2 份、清水 25～30 份，混合调匀即可。

（4）合理负载　通过疏剪花枝、疏花疏果，调节树体叶果比至适宜范围，防止树体超负荷挂果，导致树势衰弱，降低树体的抗寒能力。

（5）肥分管理　在秋末冬初及时施用果树越冬基肥，促进树体养分积累，枝梢发育充实。

（6）培土覆盖　霜冻来临前，在果树根颈处适当培土覆草。

（7）冻前灌水　注意收听天气预报，冷空气来临前实施果园灌溉，提高园地土壤湿度，确保树体水分需求，可以增强果树抵抗低温冻害能力。

（8）病虫防治　及时防治果树病虫害，保持叶片光合效能，防止叶片提早脱落，促进树体贮藏养分积累。

第八章
观光果树病虫害防治

第一节　观光果树主要病害种类

一、侵染性病害

侵染性病害是指因病原生物侵染导致的病害，又称传染性病害。

侵染性病害发生特点：果树因病原生物侵染发病时，有一个初始发病区域，随后再向周边扩展，而生理性病害一般成片发生。

侵染性病害的病征：指果树发病部位外表的病原体，常见的病征有粉状物、霉斑、黑点、溢脓等。

侵染性病害的症状：指果树在受到病原物侵害后，树体器官表现出来的不正常状态，常见的病状有溃疡、疮痂、腐烂、萎蔫、立枯、猝倒、花叶、条纹、瘿瘤等。

侵染性病害循环周期：指病原物越冬、侵染和传播三个动态环节，病原物越冬场所就是病菌初次侵染的来源，病原物主要是通过气流、雨水、媒介昆虫及农事器具等进行传播。

侵染性病害侵入途径：一般分为直接侵入、伤口侵入和自然孔口侵入。病害的发生决定于病原、寄主和环境三个因素，病原物和感病品种是病害发生的前提条件，但区域气候环境状况是病害是否会蔓延的关键条件。

1. 按病原生物种类分类

（1）真菌侵染引起的真菌病害　在果树发病部位产生霉状物或

粉状物，无臭味。

(2) 细菌侵染引起的细菌病害 叶片上病斑无霉状物或粉状物，病健交界处易破裂或穿孔；茎蔓上会有菌脓溢出，有臭味；果实上有溃疡，在果实表面有凹陷。

(3) 病毒侵染引起的病毒病害 主要表现在嫩叶上，多数呈花叶状，黄绿相间，有的叶片皱缩或扭曲。

(4) 线虫侵染引起的线虫病害 果树线虫以根结线虫为主，其症状表现为果树根部形成小瘤状虫瘿，地上部分表现为植株黄化等。

2. **按果树被为害部位分类**

(1) 枝干病害 包括赤衣病、树脂病、腐烂病、溃疡病、膏药病等。

(2) 叶片病害 包括缩叶病、褐斑病、白粉病、穿孔病、霜霉病、锈病、黄斑病等。

(3) 果实病害 包括黑星病、白腐病、褐腐病、炭疽病、青（绿）霉病等。

(4) 根部病害 包括根腐病、根癌病、白绢病等。

二、生理性病害

生理性病害是指果树自身原因或因外界环境条件的变化所引起的病害，这类病害也称非传染性病害。

按发病原因不同，可分为：

1. **物理因素变化所致生理性病害**

（1）气温过高或过低引起的热害或冻害。

（2）风、雨、雹害等大气物理现象造成的伤害。

（3）土壤水分过多与过少所造成的涝害或旱害。

2. **化学因素变化所致生理性病害**

（1）肥料供应过多或不足所导致的营养失调症。

（2）大气与土壤中有毒物质的污染或毒害。

（3）农药及生长调节剂使用不当造成的药害。

第二节　观光果树主要害虫种类

一、根据害虫的口器分类

1. **咀嚼式口器害虫**　咀嚼式口器害虫取食固态食物，咬食果树组织，主要有鞘翅目、直翅目、鳞翅目和膜翅目幼虫。为害叶片的造成缺刻，部分种类蚕食叶肉组织，留存叶脉，如叶甲、潜叶蛾、凤蝶等；钻蛀茎干或果实的在组织内部形成虫道，如天牛、吉丁虫、食心虫等；为害幼苗的咬断茎干基部，如蛴螬、小地老虎等。咀嚼式口器害虫是将果树组织咬碎咀嚼后吞入消化道，可以用胃毒剂来防治。

2. **刺吸式口器害虫**　刺吸式口器害虫取食液态食物，通过针管状结构刺入果树组织吸食汁液，这类昆虫主要有半翅目、同翅目、缨翅目和双翅目的成虫，如螨虫、蚜虫、叶蝉、木虱、椿象等，其中木虱是柑橘黄龙病的传播者。刺吸式口器的害虫是将果树组织汁液吸入消化道，需要用内吸性杀虫剂来防治。此类害虫生命周期短，在果树生产中需要重点防控。

3. **虹吸式口器害虫**　虹吸式口器害虫用喙吸食液态食料，这类口器专属蝶蛾类鳞翅目成虫，部分吸果夜蛾会为害处于成熟期的果实。

4. **锉吸式口器害虫**　锉吸式口器害虫也是用喙吸食液态食料，这类口器专属缨翅目的蓟马，被害果树组织外表呈现褪色花纹。

二、根据害虫为害部位分类

1. **食叶类害虫**　以叶片为主要食物的害虫统称为食叶类害虫。常见种类：蚜虫、叶甲、潜叶蛾、尺蠖类、跳甲类、叶蝉、木虱、粉虱、夜蛾类、卷叶蛾类、介壳虫、椿象、蓟马等。

2. **花果类害虫**　花果类害虫是指为害花器、果实和种子的各类害虫。常见种类：花蕾蛆、桃蛀螟、小食心虫、吸果夜蛾、实蝇等。

3. **蛀干类害虫** 钻蛀果树茎干及侧枝的各类害虫。常见种类：星天牛、褐天牛、吉丁虫、爆皮虫、透翅蛾、梨茎蜂、小蠹、木蠹蛾等。

4. **土壤害虫** 土壤害虫是指为害果树地下部分的一类害虫。常见种类：地老虎（地蚕）、蛴螬（金龟子幼虫）、白蚁等。

第三节　果树病虫绿色防控

一、绿色防控原则要求

果树病虫绿色防控是指从果园生态系统整体出发，以农业防治为基础，提高果树抗病虫能力，保护利用区域天敌昆虫，恶化果树病虫存活条件，实施农药减量高效使用，将果树病虫为害损失降到最低限度。

二、病虫绿色防控路径

1. **农业防治** 采取选用抗病虫果树品种、选择优势区域、优化定植方式、科学整形修剪、搞好冬季清园、开展平衡施肥、合理排水灌溉等生态栽培措施，营造有利于果树生长发育的环境条件，增强树势，提高抗性，同时，结合果园生草栽培、套种绿肥等自然天敌保护利用技术，创造不利于病虫害发生蔓延的区域环境，降低病虫危害水平。

2. **物理防治** 物理防治是利用防虫网阻隔、果实套袋、食饵诱杀和其他物理技术防控病虫害的方法。在生产上通常应用防虫网或果袋隔离，结合采用杀虫灯、诱虫板以及昆虫信息素防治果树害虫。

（1）防虫网阻隔 以镀锌管材为构架，在果园或果树周边覆盖防虫网阻隔害虫侵入为害，也有结合顶部覆盖薄膜的避雨防虫型网架。防虫网通常采用高密度聚乙烯为原料拉丝精织而成，具有防虫、防暴雨、防冰雹、防霜冻等功用。生产上多采用20～40目的白色防虫网，目数越大防虫效果越好，但透光率和通风性则降低。

生产上可采用避雨防虫型网架防控杨梅果蝇，单株网架由镀锌管支架、40目防虫网和架体顶部覆盖避雨棚膜构成。

（2）灯光诱杀 灯光诱杀是指利用害虫的趋光性引诱杀灭害虫，频振式杀虫灯就是利用频振灯管产生特定频率的光波，把害虫引诱到灯管周边，利用高压电网杀死或击昏害虫。在果园中可以利用频振式杀虫灯诱杀金龟子、吸果夜蛾、卷叶蛾等鳞翅目害虫，可降低下代或下年虫口基数。

（3）食饵诱杀 食饵诱杀是指利用害虫的趋化性，以饵料诱杀害虫。果蝇、小地老虎、夜蛾等害虫的成虫具有趋化性，可用90％晶体敌百虫、红糖、黄酒、米醋、水按1：9：10：10：20的比例配制诱饵，取可乐瓶或矿泉水瓶，在离瓶底部10～15 cm处对称剪开宽3～4 cm、长10 cm的口子，每只诱瓶倒入100～150 g诱饵，后期视诱饵配剂挥发情况及时添加补充。瓶盖穿孔系绳索或小铅丝，然后把诱瓶悬挂于果园内的果树枝梢上。

3. 生物防治 在果园区域环境中，果树、有害生物和有益生物构成生物链，生物防治就是指利用有益生物及其代谢或合成产物防控有害生物。果树害虫天敌主要有捕食螨、捕食瓢虫、草蛉、食蚜蝇、寄生蜂等，天敌微生物利用微生物的活体制成，主要有苏云金杆菌、青虫菌等细菌类和白僵菌、座壳孢菌等真菌类，生物防治还包括使用植物源杀虫剂、抗生素类杀虫剂和抗生素类杀菌剂。

（1）植物源杀虫剂 植物源杀虫剂是以植物或其提取物加工制成的一类杀虫剂。主要有印楝素、鱼藤、苦参碱和烟碱等。

（2）抗生素类杀虫剂 抗生素类杀虫剂是利用微生物代谢产物防治害虫的一类杀虫剂。主要有阿维菌素、浏阳霉素、多杀霉素等。

（3）抗生素类杀菌剂 抗生素类杀菌剂是利用微生物代谢产物或以产生的生物活性物质人工合成的一类杀菌剂。抗生素类杀菌剂主要有多抗霉素、春雷霉素等。

4. 化学防治 化学防治是指用化学农药防治病虫草害的方法，

通过喷布化学农药将果园有害生物种群密度压低到经济损失允许水平以下。化学防治具有方便快捷、经济高效等优点，但也存在污染环境、残留毒性等缺点。

第四节 常用农药作用机理

果园农药按防治对象主要分为杀虫（螨）剂和杀菌剂两大类。

一、杀虫（螨）剂的作用机理

果树害虫以咀嚼、吸食、钻蛀等多种方式为害果树，根据农药与果树害虫发生有效接触方式差异，杀虫（螨）剂作用机理包括触杀作用、胃毒作用、内吸作用和熏蒸作用。

1. **触杀作用** 触杀作用是指害虫接触到药剂时，药剂通过虫体的表皮进入虫体内使害虫中毒死亡。通常把具有触杀作用的药剂称为触杀剂，该类药剂适用于咀嚼式或刺吸式口器害虫。

2. **胃毒作用** 胃毒作用是指药剂通过害虫的口器和消化道进入虫体使害虫中毒死亡。通常把具有胃毒作用的药剂称为胃毒剂，该类药剂仅对咀嚼式口器的害虫发生作用。

3. **内吸作用** 内吸作用是指药剂喷布到果树组织上，能被树体吸收并传导到各器官组织内，当害虫取食果树组织汁液后导致中毒死亡。通常把具有内吸作用的药剂称为内吸剂，该类药剂主要用于防治刺吸式口器害虫。

4. **熏蒸作用** 熏蒸作用是指药剂呈气体状态经过害虫呼吸系统或表皮进入体内，导致害虫中毒死亡。通常把具有熏蒸作用的药剂称为熏蒸剂，该类药剂要求在密闭的空间使用。

二、杀菌剂的作用机理

杀菌剂对果树病害的作用方式可以分为保护性防侵染作用和内吸治疗杀菌作用两大类。

1. **保护性防侵染作用** 保护性杀菌剂喷布在果树上会沉积在

树体器官表面，形成一层药膜，药液不会进入果树组织内部，病原菌接触到药膜后会被杀死，保护果树器官免受侵染为害。此类药剂对气流传播病菌尤为有效。要求保护性杀菌剂有较好的持留性，使用时在果树器官上喷布务必均匀、周到。

2. **内吸治疗杀菌作用** 内吸性杀菌剂喷布在果树上会渗透到树体组织内部，再通过蒸腾作用输导、扩散到树体内其他未喷药的部位，杀死或抑制病原菌，并防止外部的病原菌入侵果树器官。内吸杀菌剂具有典型的化学治疗作用，对尚未被病原菌侵染的果树器官组织来说又具有预防病原菌入侵的作用。

第五节　病虫防治农药介绍

国务院《农药管理条例》（国令第 677 号）自 2017 年 6 月 1 日起施行，要求农药使用者务必执行《农药管理条例》的有关规定，根据果树病虫种类选用已通过管理部门登记的相应农药品种，实施农药减量增效配套技术措施。

一、矿物源农药

矿物源农药是指来源于天然矿物或石油的一类农药。使用矿物源农药防治果树病虫害时，需根据果树种类、气候条件安全用药，谨防药害。

1. **石硫合剂** 石硫合剂是果树生产中应用范围十分广泛的广谱性农药，该药剂由生石灰 1 份、硫黄粉 2 份和清水 10 份熬制而成，先把生石灰放入熬制容器内，用少量清水调成石灰乳状，再逐渐加入硫黄粉，并不断搅拌，然后加入剩余水量，做好液位标记，用猛火一次煮沸，烧煮期间需要不断搅拌药液，以便石灰与硫黄充分混合，随时加热水补足水量至液位标记处，经烧煮 40～50 min 后，当容器内药液由淡黄色变成深褐色时，表明石硫合剂熬制完成，可以停止烧火，在药液冷却后再装入坛中待用。一般熬制可以得到 22～25 波美度的原液，使用时再加水稀释。农资商店也有晶体石硫合剂成品，但建议采购有关原料熬制，可保障石硫合剂质量。

石硫合剂原液稀释倍数计算公式：

加水稀释倍数＝（原液波美度数－实际使用波美度数)/实际使用波美度数

例如：欲用 25 波美度石硫合剂原液配制 5 波美度的药液，加水稀释倍数为：

加水稀释倍数＝（25－5)/5＝4

即取一份（重量）25 波美度石硫合剂原液，加 4 倍的水即可配制成 5 波美度的药液。

石硫合剂一般在果树休眠期喷布，用于降低果园病虫越冬基数，也可以在部分果树生长期使用，但要根据果树物候期和天气状况，要求调降喷药浓度至合理区间以免产生药害。石硫合剂一般不宜与其他药剂混用，当果园先后使用波尔多液或机油乳剂时，间隔时间不少于 30 d。

2. 波尔多液　波尔多液是一种药效稳定的保护性杀菌剂，由硫酸铜、生石灰和清水配制而成。波尔多液根据硫酸铜与生石灰用量差异有多种配比，分为等量式、倍量式和半量式，一般用水为 160～240 倍。配制时将 20％的清水溶化生石灰，80％的清水溶化硫酸铜，然后将稀硫酸铜溶液缓慢注入石灰乳液中，要求边倒边搅拌，促使两种药液充分混合。

波尔多液具有耐雨水冲刷、药效持留期长的特点，一般用于果树发病前或发病早期。波尔多液对多种为害果实或叶片的果树病害具有防控效果。桃、樱桃、杏、李等果树对铜离子敏感，一般不宜使用波尔多液。

3. 机油乳剂　机油乳剂是由机油添加乳化剂加工制成，是一种触杀性药剂。杀虫机理在于机油乳液在虫体表面形成一层油膜，导致害虫因气孔封闭窒息死亡，同时，机油乳液中部分有机物质会发生氧化作用，生成对害虫有毒杀作用的酸类物质。机油乳剂可直接加水稀释，一般在果树休眠期使用。绿颖是一种从原油中提炼出来的矿物油，是机油乳剂中的代表性品种，该药剂具有良好的杀虫、杀菌活性，对果树有较高的安全性，允许在 AA 级绿色食品生产中使用。

二、生物源农药

生物源农药是指对害虫、病菌等农业有害生物具有杀灭或抑制作用的生物活体或其代谢产物制剂。

1. **阿维菌素** 阿维菌素由灰色链霉菌发酵产生，为高效、广谱的抗生素类杀虫剂。阿维菌素对昆虫和螨类具有胃毒和触杀作用，可用于防治红蜘蛛、锈螨、潜叶蛾、卷叶蛾、蚜虫、小食心虫及蓟马等。

主要剂型：1%、1.8%乳油，1.8%可湿性粉剂等。

2. **乙基多杀菌素** 乙基多杀菌素是从放线菌刺糖多孢菌发酵产生，属多杀菌素的换代产品，为抗生素类杀虫剂，商品名艾绿士，该药剂毒性极低，主要用于防治鳞翅目幼虫、蓟马和蝇类。

主要剂型：6%悬浮剂。

3. **多抗霉素** 多抗霉素是金色链霉菌的代谢产物，属抗生素类杀菌剂。具有较好的内吸传导作用。其作用机理是干扰病菌细胞壁几丁质的生物合成，可用于防治果树黑斑病、灰霉病、褐斑病、轮纹病等。

主要剂型：2%、10%可湿性粉剂，1%、3%水剂。

4. **氨基寡糖素** 氨基寡糖素从海洋生物甲壳类动物的外壳提取，属植物免疫性诱抗剂。该药剂对一些病原微生物具有一定的抑制作用，可用于防控花叶病、枣疯病等病害。

主要剂型：0.5%、2%水剂。

三、昆虫生长调节剂

1. **噻嗪酮** 噻嗪酮别名扑虱灵，是一种选择性昆虫生长调节剂，该药剂对天敌较安全，触杀作用强，并具有一定的胃毒作用，药效持效期长，对成虫没有直接杀伤力，但可缩短其寿命，减少产卵量，对鞘翅目、部分同翅目幼虫有较高杀虫活性，主要用于防治粉虱类及介壳虫类害虫。

主要剂型：20％、25％、65％可湿性粉剂，25％悬浮剂。

2. 灭幼脲3号 灭幼脲3号属苯甲酰脲类昆虫生长调节剂，该药剂持效期长，胃毒作用强，也有一定的触杀作用，对鳞翅目和双翅目幼虫有较高的杀虫活性。主要用于防治潜叶蛾、毒蛾及夜蛾类害虫。

主要剂型：20％、25％、50％悬浮剂，25％可湿性粉剂。

3. 灭蝇胺 灭蝇胺是三嗪类昆虫生长调节剂，该药剂选择性强，持效期较长，具有触杀和胃毒作用，并有一定的内吸传导性，对双翅目昆虫有较好的杀虫活性，主要用于防治蝇类害虫。

主要剂型：50％、75％可湿性粉剂，70％水分散粒剂，10％悬浮剂。

四、化学合成农药

（一）杀虫剂类

1. 甲维盐 甲维盐是甲氨基阿维菌素苯甲酸盐的简称，以阿维菌素为原料半合成的抗生素类杀虫（杀螨）剂，具有高效、低毒、广谱、残效期长的特点，以胃毒作用为主兼具触杀作用。该药剂的杀虫活性比阿维菌素高，对鳞翅目、双翅目、缨翅目害虫有较好的防治效果，可用于防治刺蛾、舟蛾、毒蛾、夜蛾、螟蛾及蓟马类害虫。

主要剂型：1％、20％乳油，2％、5％片剂，1％油烟剂。

2. 炔螨特 炔螨特是一种有机硫杀螨剂，该药剂具有触杀和胃毒作用，无内吸作用，对防治成螨、若螨效果较好，但杀卵效果差。该药剂用于防治果树螨类害虫。在高温干燥天气，高剂量使用可能会产生药害，在生产上需要注意用药安全。

主要剂型：40％、73％乳油。

3. 哒螨灵 哒螨灵是一种杂环类杀螨剂，别名速螨酮、扫螨净。该药剂触杀性强，无内吸和熏蒸作用，持效期长，对害螨的卵、幼螨、若螨、成螨均有良好的防效。该药剂用于防治果树螨类害虫，并对蚜虫、叶蝉、蓟马有一定兼治作用。

主要剂型：20%可湿性粉剂，15%乳油。

4. 联苯菊酯 联苯菊酯是一种合成除虫菊酯杀虫杀螨剂，又称天王星、虫螨灵。具有触杀和胃毒作用，无内吸与熏蒸作用。杀虫谱广，持效期长，对螨类也有一定防效。主要用于防治蚜虫、粉虱、食心虫、椿象、叶螨等。

主要剂型：2.5%、10%乳油。

5. 百树菊酯 百树菊酯属拟除虫菊酯类杀虫杀螨剂，又名氟氯氰菊酯、百树得。对害虫具有触杀和胃毒作用，无内吸和熏蒸作用。该药剂对鳞翅目、同翅目、半翅目害虫有防治效果，对螨类有一定防效，据报道对一些吸果夜蛾成虫有拒避作用。

主要剂型：5.7%乳油。

6. 氰戊菊酯 氰戊菊酯属拟除虫菊酯类杀虫剂，又称速灭杀丁或杀灭菊酯。对害虫具有触杀和胃毒作用，无内吸和熏蒸作用。该药剂杀虫谱广，持效期长。对鳞翅目、半翅目、同翅目、直翅目害虫有防治效果，但对螨类无效。

主要剂型：20%乳油。

7. 高效氯氟氰菊酯 高效氯氟氰菊酯属拟除虫菊酯类杀虫剂，又称功夫菊酯。以触杀和胃毒作用为主，无内吸作用。杀虫谱广，药效迅速，对光、热稳定。对鳞翅目、半翅目多种害虫有较好的防治效果，对螨类幼虫有一定抑制作用。

主要剂型：2.5%乳油，2.5%水乳剂，2.5%微胶囊剂，10%可湿性粉剂。

8. 噻虫嗪 噻虫嗪是一种新烟碱类高效低毒杀虫剂，对害虫具有胃毒、触杀及内吸作用，既用于叶面喷雾也可用于土壤灌根处理。作用机理与吡虫啉等烟碱类杀虫剂相似，但具有更高的活性。该药剂可用于防治同翅目、鳞翅目、鞘翅目、缨翅目害虫，其中对蚜虫、叶蝉、粉虱及幼龄介壳虫效果明显。

主要剂型：21%、25%水分散粒剂，21%悬浮剂。

9. **噻螨酮**　噻螨酮属噻唑烷酮类杀螨剂，商品名尼索朗。对害螨具有触杀和胃毒作用，无内吸作用。对螨卵、若螨和幼螨防治效果好，但对成螨活性低。该药剂持效期特长，可用于防治果树的叶螨（红蜘蛛），但对锈螨、瘿螨防效差。

主要剂型：5％乳油，5％、10％可湿性粉剂。

10. **松脂酸钠**　松脂酸钠是以松脂为主要原料合成的强碱性杀虫剂，兼有杀菌作用，是用未经脱脂的松香、纯碱或烧碱等原料加水熬制而成。该药剂对害虫以触杀作用为主，通过封闭虫体气孔和腐蚀虫体表皮蜡质层以使害虫死亡。该药剂对防治介壳虫、粉虱和螨类效果明显，一般仅限果树休眠期清园使用，禁止在果树萌芽期、花期使用。

主要剂型：20％、40％可湿性粉剂，30％水乳剂，45％可溶性粉剂。

11. **螺螨酯**　螺螨酯属季酮酸类杀螨剂，商品名螨危。触杀作用强，没有内吸性，它与现有杀螨剂之间无交互抗性，杀螨谱广，能够防治害螨的卵、幼若螨和雌成螨，对红蜘蛛、黄蜘蛛、锈壁虱等多种害螨均有防效。

主要剂型：24％、34％悬浮剂。

12. **螺虫乙酯**　螺虫乙酯属季酮酸类杀虫杀螨剂，由拜耳（中国）公司生产，该药剂具有独特的双向内吸传导性能。广谱高效，持效期长，可用于防治多种刺吸式口器害虫，如叶螨、蚜虫、粉虱、蓟马和介壳虫等。

主要剂型：22.4％悬浮剂。

（二）杀菌剂类

1. **代森锰锌**　代森锰锌是一种保护性杀菌剂，为代森锰与代森锌的络合物。国内多数复配杀菌剂以代森锰锌加工制成，药剂中的锰、锌微量元素有助于矫正果树生理缺素现象。该药剂广谱低毒，主要用于防治黑星病、疮痂病、霜霉病等多种真菌性病害。

主要剂型：70％、80％可湿性粉剂，42％悬浮剂。

2. **甲基硫菌灵**　甲基硫菌灵是一种苯并咪唑类杀菌剂，具有内吸、预防和治疗作用，内吸性能比硫菌灵强。该药剂广谱低毒，主要用于防治黑斑病、褐斑病、炭疽病、灰霉病、白粉病等多种真菌性病害。

主要剂型：50％、70％可湿性粉剂，50％悬浮剂，70％水分散粒剂。

3. **咪鲜胺** 咪鲜胺是一种咪唑类杀菌剂，具有内吸传导、预防保护治疗等多重作用。该药剂广谱低毒，可与多数杀菌剂、杀虫剂混用。对于由子囊菌和半知菌引起的多种病害防效明显。

主要剂型：25％、45％乳油，45％水乳剂。

4. **腐霉利** 腐霉利属二甲酰亚胺类杀菌剂，别名速克灵。该药剂具有内吸、保护和治疗作用，杀菌机理不同于苯并咪唑类药剂，广谱低毒，持效期较长，适用于黑星病、炭疽病、灰霉病、褐腐病、菌核病等多种病害防治。

主要剂型：50％可湿性粉剂，20％、35％悬浮剂，10％、15％烟剂。

5. **苯醚甲环唑** 苯醚甲环唑属三唑类杀菌剂，商品名世高。该药剂内吸性极强，具有保护和治疗作用，广谱低毒，对子囊菌、担子菌、半知菌引起的病害有预防和治疗作用，主要用于防治黑星病、褐斑病、白腐病、白粉病等多种病害。

主要剂型：25％乳油，10％水分散粒剂。

6. **异菌脲** 异菌脲是二甲酰亚胺类杀菌剂，商品名扑海因，适用于防治对苯并咪唑类杀菌剂已产生抗性的病菌类。该药剂高效低毒，对葡萄孢菌、交链孢菌和核盘菌等有较高活性，主要用于黑斑病、灰霉病、菌核病等病害防治。

主要剂型：50％可湿性粉剂、50％悬浮剂。

7. **三唑酮** 三唑酮是一种三唑类杀菌剂，商品名粉锈宁。该药剂毒性低、持效期长、内吸性强。对锈病和白粉病具有预防、治疗作用。需要注意用药安全，谨防发生药害，使用浓度过高可能会抑制茎叶生长。

主要剂型：5％、15％、25％可湿性粉剂，25％、20％、10％

乳油，25％胶悬剂。

8. 醚菌酯　醚菌酯属甲氧基丙烯酸酯类杀菌剂，商品名翠贝。兼具保护和治疗作用。该药剂无交互抗性，持效期长，低毒广谱，对半知菌、子囊菌、担子菌和卵菌引起的多种病害具有杀菌活性，可用于防治白粉病、黑星病、菌核病等多种病害。醚菌酯宜单独使用。

主要剂型：50％水分散性粒剂，50％干悬浮剂。

9. 嘧菌酯　嘧菌酯属甲氧基丙烯酸酯类杀菌剂，商品名阿米西达。该药剂具有预防兼治疗作用，预防保护优势明显，杀菌谱广，对子囊菌、担子菌、半知菌和卵菌中的大部分病原菌均有防效。可用于防治褐斑病、霜霉病、炭疽病、灰霉病等多种病害。嘧菌酯宜单独使用。

主要剂型：250 g/L悬浮剂，50％水分散粒剂。

10. 吡唑醚菌酯　吡唑醚菌酯是新一代甲氧丙烯酸甲酯类杀菌剂，商品名凯润、唑菌胺酯。具有保护、治疗和渗透作用，喷布后能快速渗透进组织内部，在多雨季节使用优势明显。该药剂杀菌谱广，杀菌活性高，作用迅速，持效期长，对子囊菌、担子菌、半知菌和卵菌中的大部分病原菌均有防效。可用于防治褐斑病、霜霉病、枯萎病、根腐病等多种病害。

主要剂型：30％乳油，15％、30％悬浮剂。

11. 克菌丹　克菌丹是一种有机硫类杀菌剂，以保护作用为主，兼有一定的治疗作用。该药剂杀菌谱广，毒性低，既可叶面喷布，也可土壤处理，防治根部病害。主要用于防治炭疽病、疮痂病、褐腐病、砂皮病、黄斑病、黑星病、黑斑病等。

主要剂型：50％ 可湿性粉剂，80％ 水分散粒剂，40％悬浮剂。

12. 喹啉铜　喹啉铜是一种有机铜类杀菌剂，商品名必绿。该药剂杀菌谱广，持效期长，对真菌性、细菌性病害均有一定的预防和治疗作用。可用于防治穿孔病、褐斑病、炭疽病、黑斑病等病害。

主要剂型：33.5%悬浮剂，50%可湿性粉剂。

13. 烯酰吗啉 烯酰吗啉属专一防治卵菌纲真菌性病害药剂，商品名安克。该药剂具有保护和内吸治疗作用，对卵菌生活的各个阶段均有作用，主要用于防治霜霉病、猝倒病、晚疫病、腐霉病等低等真菌性病害。对白粉病无效。

主要剂型：50%可湿性粉剂，20%、50%悬浮剂，80%水分散粒剂。

14. 噻菌铜 噻菌铜是一种噻唑类有机铜杀菌剂，商品名龙克菌。该药剂具有保护和内吸治疗作用，传导性能好，持效期长，对细菌病害有较好的防效。可用于防治溃疡病、疮痂病等多种细菌性或真菌性病害。

主要剂型：20%悬浮剂。

15. 噻霉酮 噻霉酮是一种新型广谱杀菌剂，商品名菌立灭。具有预防和治疗作用。对多种细菌、真菌性病害有防效，主要用于防治黑星病、炭疽病、溃疡病等多种病害。

主要剂型：1.5%、2%、5%水乳剂。

16. 氟硅唑 氟硅唑是三唑类杀菌剂，商品名福星。该药剂具有保护和治疗作用，对子囊菌、担子菌和半知菌所致病害有效，对卵菌无效，主要用于防治黑星病、黑痘病等病害。

主要剂型：40%乳油，5%微乳剂，10%水乳剂，20%可湿性粉剂。

17. 烯唑醇 烯唑醇属三唑类杀菌剂，具有保护、治疗作用。该药剂杀菌谱广，对子囊菌、担子菌引起的多种病害有防效，主要用于防治黑星病、锈病、白粉病等病害。

主要剂型：12.5%超微可湿性粉剂。

18. 腈菌唑 腈菌唑是三唑类杀菌剂，具保护和治疗作用。该药剂对子囊菌、担子菌均具有一定的防治效果，持效期长，主要用于防治白粉病、锈病、黑星病、灰斑病、褐斑病等。

主要剂型：5%乳油，40%可湿性粉剂。

19. 噻唑锌 噻唑锌属噻唑类有机锌杀菌剂，别名碧生，具有保护和内吸治疗作用。该药剂活性高、杀菌谱广，既可以防治真菌性病害，又可以防治细菌性病害，同时还起到补锌作用。可用于防治溃疡病、褐斑病、穿孔病、黑星病等多种病害。

主要剂型：20%、40%悬浮剂，60%水分散粒剂。

20. 抑霉唑　抑霉唑是一种内吸性杀菌剂，又称烯菌灵、戴唑霉，具有保护和内吸治疗作用，该药剂对侵袭水果的多种真菌病害有防效，主要用于防治青霉病、绿霉病等病害。

主要剂型：25%、50%乳油，0.1%涂抹剂。

第六节　药剂防治原则要求

一、果园药剂防治总体原则

1. **开展果园病虫监测观察**　在果园内有代表性地选择果树病虫害发生、发展情况观测植株，坚持达标防治，适期用药。

2. **倡导果园病虫群防群治**　加强区域果园病虫害发生、发展情况信息交流，搞好果园病虫害联合防控，提高防治效率，解决一园一地"防效差"的问题。

3. **合理选择病虫防治药剂**　在果园药剂防治中根据果树类别选用已通过管理部门登记的有效农药，根据果树病虫防治对象对症选药；在果树病害防治上，预防为主，防治结合，优先使用保护性杀菌剂；依据害虫种类及其口器类型选择有效的杀虫剂品种；不同化学结构农药交替使用；不连续使用单一药剂。

4. **规范使用病虫防治药剂**　购置、使用先进施药器械，提高喷雾器械雾化效果；严格按照农药标签标注的使用方法和剂量、使用技术要求和注意事项使用农药，不随意加大用药剂量；采用农药二次稀释技术，先用少量水将药液调成母液，然后再加足量水稀释到所需浓度，确保药剂在水中分散均匀，精准控制药量，提高药剂防治效果。

二、合理确定最佳防治时间

1. **在病害发生前期或初期防治**　果树病害根据发生为害程度

分发生前期、发生初期和盛发期，根据在果园内发生蔓延的范围分为尚未发生、点状发生、片状发生和普遍发生。对于每年均会发生的季节性果树病害，要求在病菌入侵果树器官组织前进行喷药保护，对于偶发性果树病害务必在发生初期尚未蔓延阶段用药。

2. 在害虫生命活动最弱期防治 害虫在个体发育中经历卵、幼虫、蛹（完全变态类）和成虫等发育时期．一般害虫在三龄前幼虫期为生命活动最弱期，此时害虫体壁尚薄、抗药性差、活动集中，采用药剂防治效果最好。

3. 在害虫隐藏为害前期防治 果树害虫根据发生为害程度分为害前期、为害初期和为害盛期，部分果树害虫进入为害初期后即转为隐藏为害，此时再采用药剂防治效果差。因此，对于有隐藏为害特征的害虫需掌握在其隐藏为害前用药，如蛀干害虫应掌握在未蛀干或蛀干初期、食心虫在蛀果前、卷叶蛾在害虫卷叶前用药防治。

4. 在果树抗药性较强期防治 果树进入休眠期组织器官充实，生理活动减弱，树体抗药性在年周期中最强，此期可以用相对较高浓度的清园药剂防治果树病虫害。果树药剂防治一般应避开花期和果实成熟期，在果树萌芽期谨慎用药，避免产生药害。

第七节　冬季清园控害技术

一、果树主要病虫越冬场所

1. 主要害虫越冬场所

（1）在叶片上越冬的种类 红蜘蛛、锈壁虱（卵、成虫）、黑刺粉虱（若虫）、卷叶蛾（老熟幼虫）、潜叶蛾（蛹、老熟幼虫）、木虱（成虫）、大食心虫（老熟幼虫）、黄毛虫（老熟幼虫）等。

（2）在枝干内外越冬的种类 在枝干外越冬的有介壳虫类（成虫、若虫）、凤蝶类（蛹）、蚜虫（卵）、刺蛾类（茧）、蓑蛾类（护囊）等；在枝干内越冬的有天牛类及吉丁虫类（幼虫）、透翅蛾

（幼虫）、桃蛀螟（幼虫）、蚱蝉（卵）等。

（3）在树皮裂缝处越冬的种类　红蜘蛛（卵、成虫）、恶性叶甲（成虫）、小食心虫（老熟幼虫）、木虱（成虫）、蚜虫（卵）等。

（4）在土壤中越冬的种类　花蕾蛆（老熟幼虫）、蚱蝉（若虫）、刺蛾类（茧）、舟形毛虫（蛹）、天蛾（蛹）、叶甲（卵）、小食心虫（老熟幼虫）、金龟子及象虫类（幼虫）、小地老虎（蛹、老熟幼虫）、蜗牛、野蛞蝓、白蚁等。

（5）在其他场所越冬的种类　还有些害虫以各种形态在果园杂草、霉桩、枯枝落叶等处越冬。

2. 主要病菌越冬场所

（1）真菌性病害　病菌以菌丝体、菌核，或分生孢子、卵孢子、厚垣孢子，或分生孢子器、子囊果等在树体病部组织内越冬。

（2）细菌性病害　以细菌在病部组织内越冬。

二、果树冬季清园主要措施

冬季清园就是通过树体冬季修剪、清理残枝僵果、清扫落叶落果并结合全园喷布清园药剂等综合措施，集中防控果树病虫害，降低果园病虫越冬基数。冬季清园一般在果树进入休眠期后至早春萌芽前进行。枇杷在冬季开花坐果，清园喷药时间宜选在果实采摘后至萌芽开花前。

1. 剪除为害严重的病虫枝梢　利用冬季修剪将为害严重病虫枝剪除并集中烧毁。对天牛类蛀干害虫，可用细钢丝钩杀幼虫或用药棉塞入蛀孔熏杀。

2. 清理落叶与落果　果园残枝落叶、僵果落果是果树病虫栖息越冬场所，需集中烧毁或深埋处理，以减少越冬代病虫基数。

3. 树干涂白保护　树干是果树蛀干害虫的主要为害部位，也是果树对冬季低温的敏感区位，先对部分果树进行刮粗皮或刮树胶处理，然后再在树干上进行涂白保护，可以提高果树的抗病虫能力。涂白剂配方见果树冻害防控章节。

4. 全面喷清园药剂　冬季清园时，要求全园逐株喷布一次石硫合剂消毒，桃、梨等落叶果树为 3～5 波美度，柑橘等常绿果树为 0.8～1.0 波美度。冬季清园药剂也可选用 99% 绿颖机油乳剂或 20% 融杀蚧螨可溶性粉剂，详见有关农药的使用说明书。

第九章
观光果树园艺设施应用

果树设施栽培是果树由传统栽培向现代栽培发展的重要趋向，是实现果树高产、优质、高效的有效措施。当拟开发园区的自然条件不能满足果树生长发育需要时，可以通过现代园艺设施营造一种更适应果树生长发育的小气候环境，改变传统果树开发利用模式，展示现代装备设施的应用成果，让果树新品种、新技术、新设施成为休闲观光园区的聚焦亮点。观光果树设施栽培主要包括设施避雨栽培、设施促成栽培和设施延后栽培。

第一节　设施避雨栽培

设施避雨栽培是通过在果树冠层上空搭建固定棚架，并在棚架上覆盖薄膜阻隔雨水浸淋果树的栽培方法。果树避雨栽培分为简易避雨栽培和避雨防虫栽培两种类型。简易避雨栽培通常仅在果树冠层上空搭建防雨棚，四周除固定支架外没有其他设施，主要防止雨水淋湿果树和树盘土壤积水，提高果实品质，降低果树和土壤的湿度，减少病害发生；避雨防虫栽培棚架由两部分组成，顶部为盖膜棚架，四周围罩防虫网，地面再覆盖园艺地布防止土壤害虫，这种棚体结构既能避雨又能防虫，适用于果实在雨季成熟同时在果实发育后期容易发生病虫为害的果树，如杨梅、果桑等。

一、避雨栽培目的意义

1. **阻隔雨水**　设施避雨栽培可以有效地阻隔雨水，基地生产管理人员可以全天候作业，许多在雨天不能操作的作业工序在设施避雨环境下能够照常进行。同时，在观光水果成熟采摘期也能够不受降雨天气影响，照常开展水果观光采摘游活动。

2. **防控病虫**　果树实施避雨防虫栽培后，可以阻隔果实生长发育后期昆虫侵害，明显减轻靠风雨传播的真菌类或细菌类病害的发生，减少农药使用量，果面污染减轻，促进了绿色果品生产。

3. **提高品质**　设施避雨栽培可以提高果树的坐果率，防控油桃、樱桃、枇杷等部分水果的裂果现象，有利于果实着色和糖分积累，提高樱桃、早熟桃、杨梅和枇杷等在多雨季节成熟水果的商品果率和优质果率，提升果品质量档次。

二、避雨栽培常见类型

果树设施避雨按棚体结构可分为联栋拱棚避雨、单栋（或单行）拱棚避雨、坡地斜棚架避雨、单树棚架避雨等类型。单树棚架避雨一般适用于杨梅、枇杷等稀植大树。

果树设施避雨栽培按避雨时间开始早晚、持续时间长短分为以下三种类型。

1. **萌芽期—开花期—果实成熟期全程避雨型**　该类型适用于在南方温暖湿润气候环境条件下十分容易发生病害的果树，通过在果实生长发育期持续避雨可以显著减轻病害发生，如葡萄。

2. **果树开花期避雨型**　该类型适用于需要人工辅助授粉的雌雄异株类果树，通过花期避雨并配套农艺措施能够确保在果树雌花开放前采集雄株花粉，当果树的雌花开放后及时人工辅助授粉，才能提高果树的授粉受精率，为当年稳定坐果、丰产丰收奠定基础。如猕猴桃。

3. **果实转色成熟期避雨型**　该类型适用于果实成熟期常遇多雨天气导致果实品质难以稳定的一类果树，如杨梅、枇杷、樱桃和早熟桃等水果成熟期常遇多雨天气，结果导致烂果、落果严重，果实破裂，风味变淡等现象，尤其杨梅果实没有外果皮包裹，雨水浸淋对果实品质影响极大。

第二节　设施促成栽培

果树设施栽培是指通过设施调控果树生长发育小气候环境，改变果树花果发育期，促使果实成熟期提前或延后的一种栽培方式。目前，葡萄、枇杷、樱桃、桃及早熟柑橘等果树已在生产上应用设施促成栽培，生产上通常采用先促成后避雨的栽培方式。沃柑、春香、红美人等特色柑橘品种则适宜采用设施延后完熟栽培。

一、促成栽培目的意义

1. **调控环境**　采用设施促成栽培，可以营造一个不同于露地气候环境的设施内部小气候环境，使部分热带果树能够成功引种至亚热带甚至温带地区种植，这对于开发特色热带果树观光采摘园具有重要意义。

2. **提早成熟**　通过调控果树设施栽培区间的温、光、气、热条件，促使设施水果比露地栽培提早发育成熟，使人们能够比露地栽培提前一定时间品尝到新鲜的水果。

3. **减防灾害**　设施栽培可以防控低温冻害、花果期雨害、突发性冰雹等多种气象灾害。同时，通过设施阻隔雨水对树体的直接降淋，也减少了病虫的发生，有利于安全果品生产。

4. **提质增效**　设施栽培可以为果实生长发育营造比露地栽培更加适宜的区域小环境，有利于果实内在品质的提升和外观性状的表达，培育优质果品。

二、促成栽培棚架选择

促成栽培设施包括玻璃温室、连栋塑料钢架大棚、单体塑料钢架大棚以及单树设施棚架等。玻璃温室系统结构复杂，包括通风换气系统、内外遮阳系统、保温增温系统、风机湿帘降温系统及电气控制系统等，建设成本较高。

果树促成栽培通常以采用连栋塑料钢架大棚或单体塑料钢架大棚为主。连栋塑料钢架大棚规格多样，其中 GLP832 型连栋塑料钢架大棚比较适宜果树种植，其棚体结构主要参数：跨度 8 m，主立柱 80 mm×60 mm×2.5 mm 镀锌矩形钢管，间距 4 m，副立柱采用 Φ32 mm×1.5 mm 镀锌圆管，间距 1 m，拉幕梁 60 mm×40 mm×2 mm 镀锌矩形钢管，顶拱杆外径 32 mm、壁厚 1.5 mm，间距 1 m，天沟高 3 m，顶高 4.5 m，纵向设斜拉加强杆，横向设水平加强杆，立柱基础为 200 mm×200 mm×700 mm 水泥墩，塑料薄膜采用多功能防雾滴薄膜，配置外遮阳及机械传动双向卷膜机构。单体塑料钢架大棚适用于设施栽培面积较小或基地不集中连片的情况，材料规格可以参考有关钢架大棚设计规范。单树设施棚架适用于定植株行距较大、冠幅宽广的果树类型。

对于树冠高大、抗高温逆境较差的部分果树，建议将棚体天沟高增至 3.5 m，顶高增至 5.3 m，一般果树树冠顶部距离顶膜应不小于 150 cm。

设施果树光照效果受棚膜质量、膜面污染、水滴附着、棚膜老化及太阳光反射等多种因素影响，要求选择质量可靠的多功能薄膜，并及时更换新膜。在棚体方位选择上，南方地区设施大棚棚顶的延长方向一般宜采用南北走向，以利于棚内光照分布均匀，树体各方位均衡受光。

三、促成栽培品种选择

设施促成栽培投入成本大，设施区域小环境温湿度较高，设施内部光照强度由于受设施棚体影响有所减弱。因此，设施促成栽培要求选择能够迎合促成栽培调控目标的品种，能够适应设施棚体微区域环境的品种，生产经营经济效益较好的品种。

1. **选择果实生长发育期较短的品种**　设施促成栽培的目标是使果实提早成熟上市，要求选择生育期较短的极早熟或早熟品种。

2. **选择对需冷量要求较低的品种**　落叶果树解除自然休眠需要满足一定的低温需求，果树设施栽培要求尽可能选择对需冷量要求较低的特色果树品种。

3. **选择自花结实能力较强的品种**　设施栽培环境下缺少昆虫传粉，棚内相对湿度较高，要求尽可能选择花粉量大、自花授粉坐果率高的品种。

4. **选择优质的鲜食品种**　观光果园设施栽培的果品主要用于观光采摘，要求选择着色鲜艳、风味浓郁、香甜可口的果树品种。

5. **选择树体紧凑的品种**　设施果树空间发展受到限制，需选择树姿开张、树体矮小、树冠紧凑的果树品种。

6. **选择适应性强的品种**　设施大棚内容易出现温湿度偏高、光照趋弱的现象，需选择对高温高湿环境适应能力较强、耐弱光的果树品种。

四、促成栽培调控措施

南方设施果树栽培存在高温高湿调控等问题，需要在生产实践中合理安排扣棚时间，采取有效的调控措施。

1. **适时扣棚**　促成栽培扣棚时间通常选在果树通过低温自然休眠后。过早扣棚会导致需冷量不足，花芽勉强开放，授粉受精不良，甚至会出现棚内气温陡升，部分果树可能会遭受高温危害。过迟扣棚则促成提早栽培效果不明显。具体扣棚时间应依据果树种类的低温需求、提早成熟预期时间等多种因素确定。

在果树促成栽培期间，可以分三个阶段做好棚体管理，在保温或增温阶段要求适时扣棚，在变温管理阶段每天按时间段及时收放棚膜，在后期避雨栽培阶段要求留顶膜、揭围膜、适时开闭天窗。

2. **防控高温**　我国南方大部分地区夏季气温高，持续时间长，经常使得设施内部温度超过 35 ℃，限制了果树的正常生长发育，果树花期和果实发育期对气温十分敏感，严重高温会导致烧花、落果、影响花芽分化等热害，因此，防控高温已成为一个亟待解决的问题。南方果树设施栽培常用降温方法为蒸发降温、遮阳降温和通风降温。

（1）通风降温　通风降温包括自然通风降温和机械通风降温。

对于设施大棚来说，自然通风降温是指在棚体四周或两侧收膜、顶部开启通风窗，促使棚内热空气顺着自然气流从棚体一侧或顶部通风窗溢出，棚体内外空气形成对流自然降温。自然通风降温具有一定的局限性，如果棚外出现极端高温天气，最好结合采用其他降温方式。建议安装电动卷降膜或天窗开闭系统，管理人员可以通过系统配置的手机 APP 软件根据气温变化情况实时遥控操作。

机械通风降温是指在设施大棚两端收起棚膜或开启侧窗，在设施大棚内安装若干风机，利用风机由棚内向棚外排风，使棚内形成负压，迫使棚内外空气形成对流，降低棚内果树种植区域小环境温度。

（2）遮阳降温　遮阳降温包括棚外遮阳降温和棚内遮阳降温。内、外遮阳降温系统通常采用活动式结构，通过平拉或卷曲遮阳网的方式实现开闭遮阳系统。

（3）蒸发降温　蒸发降温包括湿帘—风机降温和喷雾降温，前者仅用于玻璃温室，后者指在距离果树树冠顶部一定距离的高空安装微喷弥雾系统，通过在高温干旱时期喷布雾化水降温增湿。

3. 防控高湿　果树合成光合产物需要适宜的空气湿度。当空气湿度过高或过低时，果树光合同化作用就会受到影响。在设施栽培果树年生长发育周期内，上半年多低温阴雨天气，容易出现设施大棚内空气湿度过高的情况，需要及时采取防控措施。

（1）通风除湿　通风除湿就是通过开启设施大棚顶部通风窗、收起侧向围膜或启用机械通风设备，促使设施大棚内外空气进行对流交换，降低大棚内部空气的相对湿度。

（2）加热降湿　空气的相对湿度随着空气温度的升高而降低，当设施大棚内湿度过大时，可以开启棚内加热系统，通过提高棚内气温来降低相对湿度。

五、促成栽培注意事项

1. 预防冻害　对于冬季低温十分敏感的果树，为防控冬季强冷空气侵害，建议采用双层棚，甚至可以临时在主栽果树外围再围罩一层薄膜，由于相邻两层棚膜间隔有空气，可明显提高被保护果树的小环境温度，棚膜材料可选用 PE、PEP 或 EVA（乙烯-醋酸乙烯膜）无滴膜。对于具备地下温水资源的观光果树园区，也可在棚内果树树冠上端安装微喷弥雾系统，通过在冬季寒潮降临时期喷雾化水增温稳温。另外，有条件的可以在设施棚架内建设水循环蓄热系统，利用电能或太阳能给系统蓄热，通过循环放热为棚室加温。

2. **大棚防雪**　在建造棚体时，要求棚架高跨比在 0.20～0.25 区间，高跨比过小，顶部平缓易积存雪和雨水，增加棚面负荷，易发生倒塌，并可以适当增粗拱杆、立柱及骨架钢管尺寸。及时收听、收看气象预报，安排人员值班。当降雪量小于大棚能够承受的负荷时，采取棚内加固措施，清除大棚天沟处积雪。当降雪量可能会超出棚体所能承受的负荷时，大棚有倒塌危险，应以保棚为主，可以采取划破棚膜，以减轻棚体积雪承重，防止棚体被大雪压垮。

第三节　根域限制栽培

果树根域限制栽培是指将果树根域封闭在一定的容积内限制其无序生长的一种新型栽培方式。其原理是将果树根系置于一个可控的范围内，通过控制根系生长来调节地上部和地下部、营养生长和生殖生长的关系，具有肥水高效利用、抑制幼树营养生长、促进早期花芽形成和提高果实品质的效果。

一、根域限制栽培主要方式

1. **箱筐式根域限制栽培**　指在一定容积的箱筐或盆桶等容器内填充营养土，栽植果树于其中。由于箱筐易于移动，适合于在设施栽培条件下应用。缺点是根域水分、温度不稳定，对低温的抵御能力较差。

2. **垄式根域限制栽培**　指在地面上铺垫微孔无纺布或稍微隆

起（防止积水）的塑料膜后，再在其上堆积营养土呈土垄状栽植果树。土垄的四周表面暴露在空气中，底面又有隔离膜，根系只能在垄内生长。注意采用该栽培方式，夏季果树根域土壤水分、温度可能会不太稳定，需要及时调控。

3. **槽式根域限制栽培**　指在地面下挖出一定容积的槽沟，在槽沟的两侧及底部铺垫微孔无纺布等可以透水的隔膜材料，内填营养土后栽植果树。槽式根域的水分、温度变幅小，可节约灌溉用水，有利于果树根系生长。

4. **垄槽式根域限制栽培**　垄槽式根域限制栽培是垄式与槽式的结合类型，兼具两种根域限制栽培的优点，果树根域伸展空间包括两个部分：一部分在园地表面以上，另一部分则在园地表面以下，上下两部分占比因果树树种、土壤类型、气候条件而异。根域限制栽培流程：开槽沟—覆塑料膜—铺设排水管—填充土肥混合物—栽植果树种苗—铺设滴灌管。

二、根域限制栽培主要特点

1. **精准施肥**　根系分布在可控范围内，通过施用有机肥改良土壤成为可能，也便于开展水肥一体化作业，实现施肥的自动化和省力化。可避免肥效的后延对树体生长和果实品质的不良影响，做到生长发育需要营养时能适时补给，不需要时则及时中止。

2. **控水提质**　根域限制后，根系密集分布，叶片蒸腾作用可使根域土壤水分很快降低，可避免土壤过湿造成的新梢旺长及果实成熟不良的现象。并且通过采取水分胁迫，不仅能使新梢生长适时停止，而且还能促进花量增加、果实上色和糖分累积。

3. **空间灵活**　果树栽培不受地理环境条件的限制，即使在一些地下水位高的地域，也可以利用根域限制的方式建园。适用的土地类型广泛，充分利用各类土地资源，降低了用地成本。

三、设施容器栽培技术

随着经济社会的快速发展，人们对景观果树的要求越来越高，国内容器栽培迅速发展起来，尤其在经济较发达地区，容器栽培逐渐成为一种新型栽培方式。与传统的田间栽培相比，容器栽培主要具有以下优点：可以根据植株的生长状况，随时调节植株摆放间距，便于机械化、集约化管理；容器树苗移栽成活率高，能够保持原有树姿；一年四季均可移栽，观赏果树种苗可以周年供应；节省田间栽培的起苗包装工序，便于运输。

1. **基地选择**　设施容器栽培基地应选在交通便利、排灌方便的地域，最好附近有河流或小溪，以保证生产用水，一般宜选择在休闲观光果园内或其周边地带。容器栽培和田间栽培不同，可以少考虑土壤结构、肥力等方面的因素，充分利用各类闲杂地。

2. **基础设施建设**

(1) 库房建设　库房主要用来存放仪器、设备、农药、肥料、基质等。注意采集的繁殖材料必须与农药等分开存放，一般单独保存在一个有冷藏条件的贮藏室中。

(2) 排灌系统建设　灌溉系统建设是容器栽培的重要工作。灌溉方式分喷灌与滴灌两种，一般培育小规格容器苗的可用喷灌系统，培育较大规格容器苗的宜用滴灌系统。另外，还需有与之配套的排水系统。

(3) 基质装盆场地建设　在平整土地的基础上，建设基质存放、装盆场所，有条件的大中型休闲观光园，则配置平板拖车等，以加快装盆、运盆速度。另外，还应搭建阴棚过渡区，以实现容器苗木的快速循环生产。

(4) 快繁苗床建设

① 大棚建设。一般以 8 m×30 m 的钢架标准大棚为好，大棚长度过长不利于通风，过短又不利于保温，棚膜以无滴棚膜为好，夏季架设 70% 遮光率的遮阳网。

② 苗池建设。苗池建设材料包括红砖、水泥、河沙、石砾等，采用砖混式结构。边壁高 25 cm、苗池长 14.5 m，中央操作道宽100 cm，两侧操作道宽 60 cm，路面、苗池底部要有一定的倾斜度，呈龟背形，以防积水。苗池底部先铺设无纺布，再在其上铺放

8 cm 厚的石砾。苗池基质以河沙或珍珠岩为佳，要求具有良好的排水、透气性。

③管道安装。苗床管道由水管、支撑杆、电磁阀、手动阀及喷头组成，水管由支管及主管组成，支管直径 25 mm，主管直径 40～50 mm，喷头选用止滴漏式"十"字形微喷头，于支管上每隔 1 m 安装一个，支管的支撑杆为普通塑料管，支管架设的高度从苗床底部开始计为 80 cm，电磁阀安装在支管上，通过电线与控制室的快繁调控系统相连。手动阀与电磁阀并连安装在支管上，以便在停电的情况下，手工控制苗床弥雾。

(5) 栽培容器选择　根据果树种苗大小选择合适的栽培容器，并根据苗木的生长状况随时更换大规格容器。容器栽培所使用的容器主要有各式塑料盆钵、吸塑软盆等。一般来说，吸塑软盆价格低廉，可供初期采用。后期可用各类控根塑料盆，盆径最小的有 20 cm，最大的可达 100 cm。这种容器由底盘、侧壁和插杆 3 个部件组成，底盘的设计对防止根腐病和主根的缠绕有独特的功能，侧壁为凹凸相间的半圆形，外侧凸起的半圆形顶端均有透气小孔，在该容器中生长的果树，其侧根形状变得短而粗，数量明显增多，具有明显的增根、控根功能。

(6) 栽培基质选择　在选择容器栽培基质时，首先要考虑其透气性、保水性、保肥性和无毒性，同时，也要根据容器的规格大小，如小型容器就要选择轻质、疏松、排水良好的基质。土壤易携带大量的草种、病原菌、虫卵，且添加到基质中易引起排水不畅，在盆栽基质中较少采用。无土栽培基质因无病虫草害，在市场上很受欢迎。在生产上可以利用经无害化处理的废菌棒、饼肥等发酵材料，再添加一定比例的珍珠岩、草炭、椰子壳等，即可配制出优质的盆栽基质。在配制时，基质 pH 因果树树种而异，一般要求为 4.5～7.0，在生产上可根据果树种类调配出一定酸碱度的栽培基质。如蓝莓等喜酸性植物，其栽培基质的 pH 宜在 4.5～5.0。

(7) 容器苗的装盆与摆放　装盆：大中型基地装盆采用机械化作业，基质通过传送带输入装盆设备的进料箱中，经过搅拌装置搅混后再从出料口排出，操作人员只需准备好栽培种苗和容器，在出料口装盆，再由平板拖车运往容器摆放区。小型苗圃大多采用人工操作。

摆放：按容器苗的类型对苗木盆栽区进行分区，如乔木区、灌木区等，在各区再按区内苗木的特点进行摆放，如按果树种苗对水分的需求差异分不同的小区摆放，对环境条件要求相似的果树放置于同一区内。

（8）容器苗灌溉 灌溉水质、灌溉方式和灌水量是容器栽培生产的重要因素。

① 灌溉水质。一般来说，以中性或微酸性、可溶性盐含量低的水为佳，有利于果树生长。

② 灌溉方式。采用计算机自动控制喷滴灌技术，可以节约用水，灌溉均匀，还可以兼作施肥，水肥一体化作业，省工省力。一般来说，灌木类果树多采用喷灌，而摆放较稀的大苗或植株则以滴灌为主。

③ 灌水量。容器苗的灌水量和灌水次数依果树种类、季节交替而异。

在生产上可将需水量相近的苗木分在同一区组，在喷灌时要确保每盆容器苗都能获得大约等量的水。

（9）容器苗施肥 容器苗与地栽苗不同，吸收不到土壤中的肥料，主要靠人工追肥来补充营养。一般来说，容器栽培基质中原来就有适当比例的肥分，可满足果树生长初期的需求，但后期生长还需不断地补充肥料。容器苗圃主要有两种施肥方式：一种是在容器苗的基质中施用适量的缓释肥或长效肥，适于观赏果树大苗的生产；另一种是把可溶性肥料按一定的比例溶于水中，结合喷灌直接施入。需要注意的是，追施的肥料不能过量，否则易引起烧苗；同时，一定要营养均衡，以免产生单盐毒害。

（10）容器苗固定绑扎 容器苗初期摆放较密，植株生长较快，但茎较软弱，一般需要用细立柱支撑，用塑料带或细绳索绑定，以保证树苗直立。立柱材料有小竹竿、小杂木等，其长度依需要而定。

(11) 容器苗整形修剪 做好整形修剪是培植树冠紧凑、树姿优美观赏果树的基础。对于容器苗说,首先需要根据果树特性确定培养树形,及时定干,合理选留骨干枝,培植结果枝组,常用的整形修剪措施有摘心、抹芽、短截、长放、疏枝、回缩、拉枝、拿枝等。

(12) 容器苗越冬保护 越冬是容器栽培必须重视的环节,尤其在冬季气温较低的地区。部分苗木的根系对低温反应敏感,当冬季气温低于果树所能忍耐的最低温度时,如果不进行保护,容器苗根系会被冻伤,影响翌年生长,有的甚至死亡,因此,需积极采取防冻措施。常用防冻方法:一是把苗木移入温室或塑料大棚中,这种方式主要以小型容器苗为主;二是用锯木屑等材料覆盖种苗根颈部及基质表层,大苗越冬多采用这种方法。经过越冬的容器苗,在新的一年里树冠会扩大,为有利于苗木的正常生长发育,在第二年摆放时需要更换大一些的容器,并加大容器间的摆放距离,使容器苗木在新的一年里有宽广的生长空间。

第四节 果园机械设施

果园机械设施是果业生产的重要生产资料,观光果园机械设施主要包括果园通用机械和产地冷库两大部分。

一、果园机械

采用果园机械可以减轻管理人员的劳动强度,提高作业效率,节约生产成本。目前,山地果园在水平带建设、病虫防治及基地运输上较多地使用农业机械,果园开发管理主要机械有挖掘机、微耕机、喷药机、割草机等,果树整形修剪及果实采摘等环节目前基本依靠手工完成。

1. **整地机械** 现有果园整地机械主要设备包括履带式液压挖掘机、微耕机等。

(1) 履带式液压挖掘机 履带式液压挖掘机的机身可 360° 旋转,具有打孔、破碎、挖掘等多种功能,在果树基地开发中可用于整地、挖沟、挖穴等作业。

(2) 微耕机 微耕机以柴油或汽油为燃料,体型精巧,方便使用。微耕机配套相应机具可进行起垄、开沟、灌溉等作业。

2. 植保机械 当前山区果园中使用的植保机械以背负式电动喷雾器为主。但采用燃油或电力打药机械可以大幅度提高作业效率,节省劳力成本,还能够显著提升施药效果。打药机械按照行走方式则分为骑式、推式、抬式、电动式等类型,依据药箱容积可分为 160 L、200 L、300 L 等类型。

3. 割草机械 果园自然生草或计划生草后需要适时进行刈割,人工割草用工量大,作业效率低,而不合理施用除草剂会影响果树正常生长发育。因此,采用割草机械是现代果园管理的主要方式。

(1) 背负式割草机 山地果园地形复杂,交通不便,适宜选用背负式割草机割草。采用割草机作业,具有省工、快捷、高效等特点。

(2) 果园草坪车 果园草坪车包括切割系统、割草高度调控系统和树盘覆草系统,可实现就地割草,就地覆盖树盘,覆盖宽度可调,不需要人工收集处理。具有转向半径小、工作效率高等特点。草坪车适用于宽行平地果园。

4. 剪枝机械

果园剪枝机械通常以普通整枝剪和手锯为主,电动剪枝机是果树整形修剪新设备,具有便携、省力、快捷、节本、高效等特点,由剪切刀、控制电路、锂电池电源、减速装置、电机总成等组成,该设备尤其适用于桃、果桑等常年修剪量较大的果树,以及高接换种、老果园更新改造等剪枝作业。电动剪枝机不同型号区别主要在于枝条剪口直径差异,目前厂家主要提供 20 mm、30 mm、40 mm 三种剪口直径类型。

5. 碎枝机械 果树每年度都需要开展整形修剪作业,如何更好地利用果树经修剪后出现的废弃枝条成为果园管理中的现实问题。果树枝条经碎枝机械处理后,可作为园地畦面覆盖物料,也可作为有机肥料或盆栽基质的主要原料。枝条粉碎机种类多,既有国外进口的,也有各地自主开发的,应根据基地果树种类、规模大小选择适用类型。

6. **运输机械** 果园果品、生产用具以及生产资料的运输机械包括两类:一是以电瓶为动力类,如平板车以及三轮农用车,二是以燃油为动力类,如小型三轮车或四轮小货车。

二、产地冷库

观光采摘果园内每种果树都有一个果实成熟可采期,在整个可采期内不同时间段可采果实数量有一个动态变化过程,一般果树可采始期仅有少量果实成熟,进入可采中期果树上的果实会大量成熟,需要及时采摘,而到采摘后期果树上能够采摘的果实数量已逐步减少。在观光采摘果园内建设产地冷库就是以调节果品供求余缺为目的,将短期内集中成熟采摘后的部分果品通过产地冷库短期贮藏保鲜,可以随时满足游客对果品的携带采购需求,并可以在采摘后期淡季为游客提供相关果品,满足游客对产地果品的持续需求。

果品贮藏保鲜效果可以从果实品质、损耗率、贮藏期和货架期等方面来衡量,气调冷库能够调节库内温、湿度及气体成分,果品贮藏保鲜效果优于普通冷库,但气调冷库建设和运行成本高,使用管理上一般要求果品整进整出。因此,在休闲观光采摘果园内以建设普通机械冷库为宜,该类冷库方便业主频繁入库出库果品。通常将库容在 200 m³ 以内、贮藏量在 50 t 以下的冷库称为小型冷库,该类规格库型具有造价低、操作简便等特点,适用于普通休闲观光果树园区。冷库容积与水果贮藏量对应关系见表 5。

表 5 冷库容积与水果贮藏量对应情况

库容（m³）	60	90	120	160	200
水果贮藏量（t）	8~12	15~20	20~25	35~40	50~65

1. 小型冷库设备配置 小型冷库一般选用全封闭式压缩机，库内机为冷风机，库外机为压缩冷凝机组。小型冷库面板一般采用喷塑彩钢板，保温材料为聚氨酯泡沫塑料。

2. 小型冷库运行管理 小型冷库的常规管理主要是库内温、湿度调节和通风换气。

（1）小型冷库温度调控 果品入库前先进行预冷，降低果实入库时的温度与库温之差，入库后及时把库温降到贮藏果品要求的温度值，库温变化幅度宜控制在±1℃。

（2）小型冷库湿度控制 当库内空气湿度偏低时，可以采用地面喷水的方法来提升。生产上通常采用聚乙烯薄膜对库内果品进行覆盖或包装，如采用大帐覆盖、箱内薄膜包装或单果包装。

（3）库内果品箱体堆码 果品箱体堆码整齐有序，库内冷风通畅。要求箱体离库面 20 cm，距离冷风通道底部 50 cm，距离冷风机 1.5 m，垛间距离 0.2～0.4 m，主通道宽度 0.8～1.0 m，如果采用货架，货架间距 0.7 m，地面垫木高度 0.12～0.15 m。

（4）小型冷库通风换气 通风换气时间宜在一天中外界气温较接近库内温度的时段。在通风换气的同时，库内制冷系统照常运转，以免库内温度陡然升高。

（5）果品出库前逐步升温 从冷库中取出的果品，与外界的空气接触，就会在果实表面凝结水珠，容易受有关病菌侵染为害。因此，在果品出库销售前最好先将果品转入过渡库进行升温处理。

第十章
果树园艺养生保健功用

第一节　营养功用

随着现代人物质生活水平逐步提升，各种因营养吸收不均衡而导致的疾病时常发生。这种营养不均衡一般表现为：蛋白质、脂肪吸收过多，维生素、矿物质等营养素偏少。研究表明，水果含有人体需要的糖类、蛋白质、脂肪、矿物质、维生素、纤维素和水七大营养素，具有较好的营养价值，越来越多追求品质生活的现代人开始重视水果保健。

一、水果富含多种营养成分

1. **提供碳水化合物**　水果中碳水化合物的主要形式是淀粉和糖，淀粉是水果贮藏物质的一种形式，水果在未成熟时含有较多的淀粉，但随着果实的成熟，淀粉水解成糖，其含量逐渐减少，水果中糖类主要有葡萄糖、果糖和蔗糖，不同果实含糖量存在差异。水果属于低能量物质，蛋白质、脂肪含量比较低。

2. **补充维生素**　维生素在水果中含量丰富，包括维生素 A、维生素 B_1、维生素 B_2、维生素 C、维生素 D、维生素 P 等，其中主要是维生素 C、维生素 A。东方人没有生食蔬菜的习惯，容易造成维生素缺乏症，食用新鲜水果是人体维生素的重要来源之一。

3. **增添矿物质**　水果中含有钙、磷、铁、钾、钠、镁、锌等矿物质元素。水果中的矿物质多与有机酸相结合，容易为人体吸收，而且被消化后产生的物质大多呈碱性，可以中和肉、鱼消化过程中产生的酸性物质，起到调节人体酸碱平衡的作用。因此，水果又称"碱性食品"，而肉、鱼类称为"酸性食品"。

4. **增加膳食纤维素** 水果中的膳食纤维主要是纤维素以及果胶物质。随着人类食物的日益精细，纤维素摄入量明显不足，而水果富含膳食纤维素，具有刺激肠道蠕动、协助食物消化、加速有毒物质排泄的作用。

5. **增补生物活性物质** 部分水果含有可以调节人体生理功能、提高免疫力、具有保健功能的生物活性物质。如黄酮类、花青素、类胡萝卜素、酚类物质、芳香物质等，这些活性物质有多种功效，有的是功能性色素，有的可以起到抗氧化作用，有的增强免疫功能，有的改善微循环，有的促进消化。果品中的活性物质有助于预防与治疗疾病，促进人体生长发育和身心健康。

二、水果具有一定保健功用

水果主要成分是水分，一般均含有一定量的糖类、维生素、纤维素及矿物质元素，多数水果蛋白质、脂肪含量低，其他功能活性成分更少。因此，食用水果对人体的营养保健作用大同小异，不同之处在于水果中一些功能活性成分存在差异。水果在增强人体免疫力、改善生理机能方面具有一定的辅助作用，但需要注意的是食用水果并不能代替人体疾病的药物治疗。现对部分水果在营养保健方面的功用进行简述。

1. **蓝莓** 蓝莓果实含有花青苷、绿原酸、黄酮素、亚麻油酸等，有助于人体清除自由基，护眼明目，增强人体免疫力。

2. **桑葚** 桑葚含有维生素E、亚油酸、鞣酸等，具有调节免疫作用。中医认为桑葚具有生津润肠、清肝明目等功效。

3. **樱桃** 樱桃富含铁元素，并含花青素和槲皮苷等活性物质，能促进血液循环，增强机体免疫力。

4. **猕猴桃** 猕猴桃在水果中维生素C含量极高，并含膳食纤维等营养素，有助于改善血液流动，增强免疫力。

5. **枇杷**　枇杷含有多种维生素、矿物质元素及一些生物活性物质，中医认为枇杷具有润肺止咳、生津清热、利尿健胃等功效。

6. **桃**　桃含较多的铁、钾矿物质元素，可作为补充这类元素的辅助食物，并含一些功能活性成分，中医认为桃具有补益气血、养阴生津、润肠通便等功效。

7. **梨**　梨果实含有多种维生素、矿物质元素及其他功能活性成分，具有生津润燥、清热除烦、消痰降火等功效。

8. **掌叶覆盆子**　掌叶覆盆子果实中含有覆盆子酸、鞣花酸、β-谷甾醇、烯酮素、花色素苷等生物活性物质，可以改善血液循环，其药用果品具有益肾、固精、缩尿等功效。

三、提倡水果搭配食用

针对人体体质与营养需求情况，选择适宜的水果种类进行搭配食用，可以发挥各种水果的最佳保健功效。食用水果前先了解水果的寒热属性，根据各自的体质差异选择水果品种。一般而言水果可分为寒凉、温热、甘平三类，中医强调阴阳均衡，体质偏热的人应多吃寒凉类水果，体质偏寒的人则需多吃温热类水果。当然，也可将热性水果和凉性水果搭配食用，如榴莲配山竹。

1. **寒凉类水果**　主要有瓯柑、柚子、梨、枇杷、猕猴桃、桑葚、橙、柿子、香蕉、火龙果、山竹、椰子、草莓、西瓜、甜瓜等。

2. **温热类水果**　主要有桃、樱桃、葡萄、石榴、橘子、杨梅、金橘、覆盆子、枣、杏、龙眼、荔枝、芒果、榴莲、番荔枝、红毛丹等。

3. **甘平类水果**　主要有树莓、李、梅、苹果、无花果、山楂、菠萝、木瓜、杨桃、莲雾、番石榴、百香果、胡颓子等。

四、水果合理食用知识

1. **吃时令新鲜水果**　所谓时令水果，就是指当季的水果。当季水果因为处于良好的生态环境，接受充足的阳光照射和雨露滋润，多为自然成熟，因而营养更为丰富，口感更香甜，价格相对便宜。食以鲜为先，新鲜的水果不仅口感最好，营养也最好，能使人体最大限度地获取水果中的营养物质。

2. **吃多种适量水果**　每种水果在营养保健上各有特色，要求食用果品多样化，以获取多种营养成分，促进人体营养均衡。同时，食用水果不能过量，要求适量食用，否则也可能会带来副作用。《中国居民膳食指南（2016）》建议天天吃水果，保证每天摄入200～350 g新鲜水果。

3. **提倡直接食用水果**　水果营养成分中，大部分果胶和所有纤维素是不溶于水的，它们会给人们带来耐嚼的口感，容易产生饱腹感，同时，还能有效地刺激肠胃蠕动。水果榨成果汁后，易溶于水的糖、花青素、钾元素等成分会跑到果汁里，喝果汁会不知不觉摄取过多糖分，会快速提高血糖浓度，刺激胰岛素分泌。食用水果时果肉细胞是完整的，氧气进不去，而压榨过程会破坏细胞结构，使很多营养物质因氧化发生损失。因此，直接食用水果比喝果汁对人体更有利。

4. **蔬菜不能代替水果**　水果和蔬菜均含有碳水化合物、有机酸、芳香物质及部分矿物质元素，但每种水果或蔬菜其营养价值各有特点，不能替代。在食用方法上，蔬菜通常熟食，水果则直接生食，不用加热，营养成分不受烹调加热而损耗。为满足人体多方面营养需求，保持膳食平衡，建议餐餐有蔬菜，天天有水果。

第二节　休闲养生

养生首先在于环境，休闲观光果园坐落于美好生态的绿色环境，是休闲养生的好去处。当下，对美丽乡村生活的追求已成为市民的一大时尚，也将是一种生活潮流，美丽的郊野风光、田园景观及乡土民俗风情能给人们带来愉悦感、享受感及怀旧感。

随着城市化进程的不断推进以及人们工作生活方式的快速转

变，亚健康或心理不健康等现象已成为社会问题，园艺疗法因其综合功效而被认为是解决这些社会问题的有效方法之一，其基本思想是积极运用花果类园艺植物、园艺操作活动以及园艺绿地环境对人产生的直接和间接作用，改善身心状态，维持和增进健康，提高生活质量。如今颇为流行的水果采摘园、果树认养活动、开心果园等，从某种程度来说就是园艺疗法的部分实践，这些休闲观光果业活动的火爆足以说明人们对果树园艺观赏体验活动的需求程度。

一、休闲观光果园提供园艺疗法所依托的景观环境

园艺疗法是指利用花果类园艺植物环境，让参与者体验园艺活动过程，舒解压力，从某种心理障碍症状恢复到健康状态的治疗方法。休闲观光果园提供了园艺疗法所依托的花果类园艺景观环境，人们置身这种园艺生态环境中，能够促进内分泌系统正常循环，增强身体的免疫力，有助于病人康复，使亚健康人恢复健康。

二、果树园艺观赏体验活动刺激人体五大感觉器官

果树园艺观赏体验活动可以刺激人的五大感官——视觉、听觉、嗅觉、味觉和触觉，花果类园艺植物器官的色、形对视觉，香味对嗅觉，可食用鲜果对味觉，花、茎、叶的质感对触觉，虫鸣、鸟叫、水声、风声等对听觉都有刺激作用。人们通过注视花果类园艺植物器官，蓝色能缓解紧张，红色能振奋精神，黄色会增强食欲，绿色可促进思维，白色则镇静平和。美丽的乡野景致、诱人的花果飘香能够舒缓紧张的情绪，令人产生轻松平和的感觉，可以达到心旷神怡、神清目爽的效果，进而起到身心调理的作用。

果树园艺观赏体验活动是一项全身性综合运动，能够把眼睛、头、手、足等器官充分运动起来，有利于增强体质，同时，还具有消除紧张、焕发活力、张扬气氛、孕育激情、提高注意力、增强责任感、树立自信心等精神功效，因此，开展形式多样的果树园艺观赏体验活动，为人们休闲养生提供好去处，有利于促进人体的身心健康。

第十一章
观光果树开发宣传营销

第一节　形象宣传

　　浙南山区生态旅游资源丰富，已成为长三角居民休闲养生度假、生态旅游的黄金区域，在休闲观光果业开发上具有独特优势，可以通过建设民宿综合体、田园综合体等方式，充分挖掘当地的自然生态景观，结合乡村休闲旅游开发，把果树赏花品果游与休闲度假游、原生态风光游等结合起来，通过举办内容丰富、形式多样的赏花品果节日游活动，做好观光果树开发宣传营销工作。

　　运用媒体平台，开展宣传报道。发挥电视、广播、报纸、杂志等传统媒体作用，通过开辟媒体专栏、插播宣传语、播放宣传片等方式，宣传关于休闲观光果业方面的开发状况、活动资讯、发展经验等。利用移动客户端、电脑网络等新媒体平台，发挥其受众广、传播快、互动性强的特点，及时发布举办的各类果树赏花节、果品采摘节、鲜果品评会及成果展示会等休闲热点信息，提高舆论引导力，引导休闲消费。同时，充分利用广告牌、电子屏、宣传栏、板报、墙报等传统宣传阵地，结合横幅、挂图、基地导游牌、采摘园示意图等形式宣传休闲果园信息，营造浓厚氛围，深化宣传效果。另外，通过培育拥有自主知识产权的产品服务品牌，开展无公害农产品认证或绿色食品认证，积极参与国家或省、市层次的休闲观光水果基地评比或农博（展）会等产品宣传展示活动，通过多种途径提升观光果业开发的知名度、美誉度和整体影响力。

第二节　营销模式

一、体验营销

体验营销是指通过看、听、用、参与等手段，充分刺激和调动消费者的感官、情感、思考、行动、关联等因素的一种营销方法。体验营销以向顾客提供有价值的体验为宗旨，通过满足顾客的体验需要而达到吸引和挽留顾客、获取利润的目的。现代营销学之父菲利普·科特勒博士认为，随着社会经济发展，人们将从产品经济时代迈向服务经济时代和体验经济时代，消费行为也随之从量的满足步入质的满足和感性满足，在感性满足阶段，消费者看重的是产品能否满足自身的情感需求。

休闲观光果园体验营销的主要策略：

· 设计鲜明的休闲观光主题
· 通过视觉、触觉、嗅觉与味觉建立感官体验
· 触动消费者的内心情感体验
· 激发消费者获得认识的思维体验
· 营造参与互动的行动式体验氛围

二、微信营销

随着 WiFi 信号在城乡的逐渐覆盖，使用微信的用户已呈几何级增长，尤其是伴随着互联网成长起来的年轻人，无疑是未来消费市场的主流。微信的特性很适合个性需求挖掘与深度沟通，可作为主客沟通的桥梁，有利于业主听取意见反馈，提升休闲观光果园的经营服务水平。微信不存在距离的限制，业主注册微信后，可与周围同样注册的"朋友"形成一种联系，并可建立微信群或发布公众号，通过提供客户需要的信息，推广自己的产品，实现点对点的营销。另外，微信能够充当随身携带的地图，为游客出行提供定位导航服务。

三、电商营销

电商营销是指用户通过与网络相连的个人电脑访问网站实现电子商务，是目前最通用的一种形式。互联网是宣传旅行和旅游产品的一个理想媒介，集合了宣传册的鲜艳色彩、多媒体技术的动态效果、实时更新的信息效率和检索查询的交互功能。休闲观光果园可采用 B2C 电子商务交易模式，通过开发休闲观光果业旅游电子商务平台，旅游散客先通过网络获取休闲观光果园信息，然后在网上自主设计旅游活动日程表，预定休闲观光果园、农家乐餐饮、乡村民宿等旅游消费项目。该模式方便旅游者远程搜寻、预定旅游产品，克服了空间距离带来的信息不对称。

四、共享平台

通过建立个体间直接交换休闲观光产品与服务的网络信息共享平台，激活休闲观光果园开发业主的闲置资源，将闲置的空间（接待游客容量）、时间（果树鲜花开放期或果实成熟可采期）、资产（特色精品水果、餐饮住宿、娱乐游玩、土特产品等）等通过网络平台转化为接待能力，架起与具有该类需求的游客之间的沟通桥梁，满足游客的多样化消费需求，有利于乡村休闲度假活动开展、休闲旅游产品开发、乡村历史文化体验，能够为消费者提供个性化休闲观光果园，简化了生鲜果品到达最终消费者的中间环节。共享平台促进旅游发展方式从景点旅游向全域旅游转变，实现旅游产品从观光主导向观光与休闲度假并重转变。随着农村网络的逐步普及、从业者综合素质的不断提升，这种共享经济商务模式将会得到推广应用。

附录

附录1　休闲农庄建设规范（NY/T 2366—2013）

1　范围

本标准规定了休闲农庄的整体环境、功能分区、活动项目、餐饮、住宿、道路、水电、景观等建设内容。

本标准适用于休闲农庄的新建、扩建或改建。

2　规范性引用文件

下列文件对于本文件的应用是必不可少的。凡是注日期的引用文件，仅注日期的版本适用于本文件。凡是不注日期的引用文件，其最新版本（包括所有的修改单）适用于本文件。

GB 3095　环境空气质量标准

GB 5749　生活饮用水卫生标准

GB 8978　污水综合排放标准

GB 9664　文化娱乐场所卫生标准

GB 9667　游泳场所卫生标准

GB/T 10001.1　标志用公共信息图形符号　第1部分：通用符号

GB/T 10001.2　标志用公共信息图形符号　第2部分：旅游休闲符号

GB 16153　饭馆（餐厅）卫生标准

GB/T 18973　旅游厕所质量等级的划分与评定

GB/T 25180　生活垃圾综合处理与资源利用技术要求

GB 50052　供配电系统设计规范

JGJ 64　饮食建筑设计规范

JGJ 62　旅馆建设设计规范

中华人民共和国食品安全法

3　术语和定义

下列术语和定义适用于本文件。

3.1

休闲农庄　leisure farm

以农业资源为基础，以农业生产、加工、经营为依托，以乡土文化、农作生产、农村生活为主题，集生产、加工、休闲、观光、住宿、餐饮等功能于一体的农业企业形态。

4　建设原则

4.1　丰富农业内涵，拓展农业多功能。

4.2　规划布局合理，功能分区明确。

4.3　环境优美，植被覆盖率高。

4.4　休闲项目主题突出、内容丰富。

4.5　配套服务设施完善。

5　功能分区

应包括服务接待区、观光休闲区、生产加工区等。

6　休闲项目

可参与农业项目不低于 5 项，如种植、采摘、垂钓、喂养、加工、农业节事、民俗活动等。

7　餐饮住宿设施

7.1　餐厅餐位数不低于 50 位。

7.2　餐饮设施符合 JGJ 64 的规定。

7.3　住宿设施符合 JGJ 62 的规定。

7.4　床位数不低于 20 张。

8　道路设施

8.1　道路设施建设体现因地制宜、生态自然、安全便利，与整体景观建设协调。

8.2　具有独立的生产（消防）通道、应急道、观光游览道路等。

8.3 主路路基宽度为 5.0 m～6.0 m，纵坡小于 8％，横坡小于 4％。

8.4 支路路基宽度为 3.0 m～5.0 m，纵坡小于 12％。

8.5 游步道宽度为 1.0 m～2.0 m，不设阶梯的人行道纵坡宜小于 18％。

9 水电设施

9.1 生活饮用水符合 GB 5749 的规定，污水排放符合 GB 8978 的规定。

9.2 供电符合 GB 50052 的规定，照明宜采用分线路、分区域控制；户外照明宜与农业病虫害防治相结合。

10 景观设施

10.1 景观小品的位置、高度、体量、风格、造型、色彩应与整体环境相适应。

10.2 亭、廊、花架、敞厅的楣子高度应考虑游人通过或赏景的要求。

10.3 供游人休憩设施，不宜采用粗糙饰面材料及易刮伤肌肤和衣物的构造。

11 卫生设施

11.1 食品卫生符合《中华人民共和国食品安全法》的规定，不使用一次性餐具。

11.2 文化娱乐场所卫生应达到 GB 9664 规定的要求，餐饮场所卫生应达到 GB 16153 规定的要求，游泳场所卫生应达到 GB 9667 规定的要求。

11.3 公厕数量适度、布局合理，应达到 GB/T 18973 规定的要求。

11.4 配备满足需要的垃圾箱，垃圾分类收集，处理及时，日产日清，集中处理；生活垃圾综合处理符合 GB/T 25180 的规定。

12 配套服务设施

12.1 游客中心位置合理，规模适度，具备提供信息、咨询、游程安排、讲解、教育、休息等设施。

12.2　有与车位需求相适应的生态停车场。

12.3　公共服务标识系统完善，标识标牌布设合理，公共信息图形符号的设置应满足 GB/T 10001.1 和 GB/T 10001.2 的规定。

12.4　购物场所环境整洁，种类丰富，特色鲜明，明码标价。

12.5　咨询与投诉管理制度规范，游客的问讯能得到及时解答。

12.6　电子商务系统平台具备网上查询、预定、支付等服务功能。

12.7　备有突发事件处理预案，建立紧急救援机制，并配备医务点。

13　综合效益

13.1　经济效益

13.1.1　农业生产经营收入应占到整个农庄总收入的 50% 以上。

13.1.2　年接待人数 2 万人次以上。

13.1.3　农庄每年总收入 100 万元以上。

13.2　社会效益

13.2.1　直接安排农村劳动力就业 30 人以上。

13.2.2　间接带动农村劳动力就业 150 人以上。

13.3　生态效益

13.3.1　绿化美化好，生态环境优良，植被覆盖率占整个农庄面积的 50% 以上。

13.3.2　自然生态得到有效保护和利用。农庄内无裸土、无荒地，水面无污染、无垃圾杂物。

附录 2　绿色食品标志管理办法

第一章　总　　则

第一条　为加强绿色食品标志使用管理，确保绿色食品信誉，促进绿色食品事业健康发展，维护生产经营者和消费者合法权益，根据《中华人民共和国农业法》《中华人民共和国食品安全法》《中华人民共和国农产品质量安全法》和《中华人民共和国商标法》，制定本办法。

第二条　本办法所称绿色食品，是指产自优良生态环境、按照绿色食品标准生产、实行全程质量控制并获得绿色食品标志使用权的安全、优质食用农产品及相关产品。

第三条　绿色食品标志依法注册为证明商标，受法律保护。

第四条　县级以上人民政府农业行政主管部门依法对绿色食品及绿色食品标志进行监督管理。

第五条　中国绿色食品发展中心负责全国绿色食品标志使用申请的审查、颁证和颁证后跟踪检查工作。

省级人民政府农业行政主管部门所属绿色食品工作机构（以下简称省级工作机构）负责本行政区域绿色食品标志使用申请的受理、初审和颁证后跟踪检查工作。

第六条　绿色食品产地环境、生产技术、产品质量、包装贮运等标准和规范，由农业部制定并发布。

第七条　承担绿色食品产品和产地环境检测工作的技术机构，应当具备相应的检测条件和能力，并依法经过资质认定，由中国绿色食品发展中心按照公平、公正、竞争的原则择优指定并报农业部备案。

第八条　县级以上地方人民政府农业行政主管部门应当鼓励和扶持绿色食品生产，将其纳入本地农业和农村经济发展规划，支持绿色食品生产基地建设。

第二章　标志使用申请与核准

第九条　申请使用绿色食品标志的产品，应当符合《中华人民共和国食品安全法》和《中华人民共和国农产品质量安全法》等法律法规规定，在国家工商总局商标局核定的范围内，并具备下列条件：

（一）产品或产品原料产地环境符合绿色食品产地环境质量标准；

（二）农药、肥料、饲料、兽药等投入品使用符合绿色食品投入品使用准则；

（三）产品质量符合绿色食品产品质量标准；

（四）包装贮运符合绿色食品包装贮运标准。

第十条　申请使用绿色食品标志的生产单位（以下简称申请人），应当具备下列条件：

（一）能够独立承担民事责任；

（二）具有绿色食品生产的环境条件和生产技术；

（三）具有完善的质量管理和质量保证体系；

（四）具有与生产规模相适应的生产技术人员和质量控制人员；

（五）具有稳定的生产基地；

（六）申请前三年内无质量安全事故和不良诚信记录。

第十一条　申请人应当向省级工作机构提出申请，并提交下列材料：

（一）标志使用申请书；

（二）资质证明材料；

（三）产品生产技术规程和质量控制规范；

（四）预包装产品包装标签或其设计样张；

（五）中国绿色食品发展中心规定提交的其他证明材料。

第十二条　省级工作机构应当自收到申请之日起十个工作日内完成材料审查。符合要求的，予以受理，并在产品及产品原料生产期内组织有资质的检查员完成现场检查；不符合要求的，不予受理，书面通知申请人并告知理由。

现场检查合格的，省级工作机构应当书面通知申请人，由申请人委托符合第七条规定的检测机构对申请产品和相应的产地环境进行检测；现场检查不合格的，省级工作机构应当退回申请并书面告知理由。

第十三条　检测机构接受申请人委托后，应当及时安排现场抽样，并自产品样品抽样之日起二十个工作日内、环境样品抽样之日起三十个工作日内完成检测工作，出具产品质量检验报告和产地环境监测报告，提交省级工作机构和申请人。

检测机构应当对检测结果负责。

第十四条　省级工作机构应当自收到产品检验报告和产地环境监测报告之日起二十个工作日内提出初审意见。初审合格的，将初审意见及相关材料报送中国绿色食品发展中心。初审不合格的，退回申请并书面告知理由。

省级工作机构应当对初审结果负责。

第十五条　中国绿色食品发展中心应当自收到省级工作机构报送的申请材料之日起三十个工作日内完成书面审查，并在二十个工作日内组织专家评审。必要时，应当进行现场核查。

第十六条　中国绿色食品发展中心应当根据专家评审的意见，在五个工作日内作出是否颁证的决定。同意颁证的，与申请人签订绿色食品标志使用合同，颁发绿色食品标志使用证书，并公告；不同意颁证的，书面通知申请人并告知理由。

第十七条　绿色食品标志使用证书是申请人合法使用绿色食品标志的凭证，应当载明准许使用的产品名称、商标名称、获证单位及其信息编码、核准产量、产品编号、标志使用有效期、颁证机构等内容。

绿色食品标志使用证书分中文、英文版本，具有同等效力。

第十八条　绿色食品标志使用证书有效期三年。

证书有效期满，需要继续使用绿色食品标志的，标志使用人应当在有效期满三个月前向省级工作机构书面提出续展申请。省级工作机构应当在四十个工作日内组织完成相关检查、检测及材料审核。初审合格的，由中国绿色食品发展中心在十个工作日内作出是否准予续展的决定。准予续展的，与标志使用人续签绿色食品标志使用合同，颁发新的绿色食品标志使用证书并公告；不予续展的，书面通知标志使用人并告知理由。

标志使用人逾期未提出续展申请，或者申请续展未获通过的，不得继续使用绿色食品标志。

第三章　标志使用管理

第十九条　标志使用人在证书有效期内享有下列权利：

（一）在获证产品及其包装、标签、说明书上使用绿色食品标志；

（二）在获证产品的广告宣传、展览展销等市场营销活动中使用绿色食品标志；

（三）在农产品生产基地建设、农业标准化生产、产业化经营、农产品市场营销等方面优先享受相关扶持政策。

第二十条　标志使用人在证书有效期内应当履行下列义务：

（一）严格执行绿色食品标准，保持绿色食品产地环境和产品质量稳定可靠；

（二）遵守标志使用合同及相关规定，规范使用绿色食品标志；

（三）积极配合县级以上人民政府农业行政主管部门的监督检查及其所属绿色食品工作机构的跟踪检查。

第二十一条　未经中国绿色食品发展中心许可，任何单位和个人不得使用绿色食品标志。

禁止将绿色食品标志用于非许可产品及其经营性活动。

第二十二条　在证书有效期内，标志使用人的单位名称、产品名称、产品商标等发生变化的，应当经省级工作机构审核后向中国绿色食品发展中心申请办理变更手续。

产地环境、生产技术等条件发生变化，导致产品不再符合绿色食品标准要求的，标志使用人应当立即停止标志使用，并通过省级工作机构向中国绿色食品发展中心报告。

第四章 监督检查

第二十三条 标志使用人应当健全和实施产品质量控制体系，对其生产的绿色食品质量和信誉负责。

第二十四条 县级以上地方人民政府农业行政主管部门应当加强绿色食品标志的监督管理工作，依法对辖区内绿色食品产地环境、产品质量、包装标识、标志使用等情况进行监督检查。

第二十五条 中国绿色食品发展中心和省级工作机构应当建立绿色食品风险防范及应急处置制度，组织对绿色食品及标志使用情况进行跟踪检查。

省级工作机构应当组织对辖区内绿色食品标志使用人使用绿色食品标志的情况实施年度检查。检查合格的，在标志使用证书上加盖年度检查合格章。

第二十六条 标志使用人有下列情形之一的，由中国绿色食品发展中心取消其标志使用权，收回标志使用证书，并予公告：

（一）生产环境不符合绿色食品环境质量标准的；

（二）产品质量不符合绿色食品产品质量标准的；

（三）年度检查不合格的；

（四）未遵守标志使用合同约定的；

（五）违反规定使用标志和证书的；

（六）以欺骗、贿赂等不正当手段取得标志使用权的。

标志使用人依照前款规定被取消标志使用权的，三年内中国绿色食品发展中心不再受理其申请；情节严重的，永久不再受理其申请。

第二十七条 任何单位和个人不得伪造、转让绿色食品标志和标志使用证书。

第二十八条 国家鼓励单位和个人对绿色食品和标志使用情况进行社会监督。

第二十九条 从事绿色食品检测、审核、监管工作的人员，滥用职权、徇私舞弊和玩忽职守的，依照有关规定给予行政处罚或行政处分；构成犯罪的，依法移送司法机关追究刑事责任。

承担绿色食品产品和产地环境检测工作的技术机构伪造检测结果的，除依法予以处罚外，由中国绿色食品发展中心取消指定，永久不得再承担绿色食品产品和产地环境检测工作。

第三十条　其他违反本办法规定的行为，依照《中华人民共和国食品安全法》《中华人民共和国农产品质量安全法》和《中华人民共和国商标法》等法律法规处罚。

第五章　附　则

第三十一条　绿色食品标志有关收费办法及标准，依照国家相关规定执行。

第三十二条　本办法自 2012 年 10 月 1 日起施行。农业部1993 年 1 月 11 日印发的《绿色食品标志管理办法》（1993 农（绿）字第 1 号）同时废止。

附录3 果蔬采摘基地旅游服务规范（浙江省 DB33/T 915—2014）

1 范围

本标准规定了果蔬采摘基地的果蔬种植、设施、安全、卫生与环保、旅游与休闲体验、经营与管理等方面的基本要求。

本标准适用于浙江省行政区域内的果蔬采摘基地。

2 规范性引用文件

下列文件对于本文件的应用是必不可少的。凡是注日期的引用文件，仅所注日期的版本适用于本文件。凡是不注日期的引用文件，其最新版本（包括所有的修改单）适用于本文件。

GB 5749 生活饮用水卫生标准

GB /T 10001.1 公共信息图形符号第1部分：通用符号

GB/T 10001.2 标志用公共信息图形符号第2部分：旅游休闲符号

GB 16153 饭馆（餐厅）卫生标准

GB 18406.1 农产品安全质量 无公害蔬菜安全要求

GB 18406.2 农产品安全质量 无公害水果安全要求

GB/T 18973 旅游厕所质量等级的划分与评定

LB/T 011 旅游景区游客中心设置与服务规范

LB/T 013 旅游景区公共信息导向系统设置规范

LY/T 1777 森林食品质量安全通则

3 术语和定义

本标准采用下列术语和定义。

3.1 果蔬采摘基地具有一定规模，能为游客提供果蔬采摘体验活动及相关服务的场所。

4 总则

4.1 应突出特色，注重文化，强调体验，具有科普功能。

4.2 应按照安全、生态、环保、健康、品质的要求提供旅游服务。

4.3　建筑、附属设施、服务项目和运营管理，应符合安全、消防、卫生、环境保护等法律、法规和强制性标准的要求。

5　果蔬种植

5.1　种植规模适当，建设规划合理，生态环境优良，主导果蔬应形成规模化种植。

5.2　果蔬产品宜品种多样、品质优良，获得相应的农产品品质认证。

5.3　果蔬产品应为特色农副产品，具有一定知名度。

5.4　果蔬采摘期限应合理。

6　交通设施

6.1　交通设施完善，道路通畅，路面平整坚实，进出方便。

6.2　进出果蔬采摘基地的道路应设置相关的旅游交通标识。

6.3　应有固定的停车区域，且管理完善、布局合理，能满足游客接待量的要求。

6.4　宜整合当地公交线路资源。

6.5　采摘体验线路合理、道路平整，与采摘内容关联度高，旅游休闲标志符合 GB/T 10001.2 的规定。

6.6　游步道建设应生态、美观、安全、规范，适于游客观赏、采摘及休闲。

7　公共设施与服务

7.1　游客中心（点）位置合理、规模适度、设施齐全、功能完备，应配备服务人员，符合 LB/T 011 的基本要求。

7.2　公共标志系统规范，公共信息图形符号符合 GB/T 10001.1 的规定。

7.3　各种旅游引导标识（包括全景图、导览图、标识牌、介绍牌等）设置合理，符合 LB/T 013 的规定。

7.4　公共信息资料（包括介绍果蔬采摘活动及相关旅游休闲服务的纸质宣传材料、音像制品、网络电子产品等）内容丰富、特色突出、更新及时。

7.5 公共休息设施应布局合理、数量充足、安全牢固。

7.6 宜融入当地智慧城市建设，能为游客提供智慧旅游服务。

7.7 基地内或附近的餐饮和住宿设施能满足游客需要。

8 安全

8.1 应执行交通、治安、消防、安全、食品、旅游等相关领域的安全法律法规，确保游客生命财产安全。

8.2 安全保卫制度健全，安全责任全面落实。

8.3 安全设施及工具齐备、完好，维修、保养、更新及时，操作规范，责任到人。

8.4 应制定采摘高峰期游客分流方案。

8.5 应建立突发事件紧急处理机制，预案完备，处理及时，档案记录规范。

8.6 危险地段和项目的警示标志应明显，防护设施齐备有效。

8.7 应配备急救箱及游客常用药品，基地内或附近应设有医务室或救护点。

8.8 应配备有效消防设备。

8.9 应建立严格的果蔬产品质量安全管控体系，有相关单位出具的《农产品质量安全检测报告》或产品质量安全合格证明，达到 GB 18406.1 或 GB 18406.2 或 LB/T 1777 规定的标准。

9 卫生与环保

9.1 应遵守相关卫生和环保法律、法规和规章，保证果蔬采摘基地环境整洁、氛围优良。

9.2 各项卫生制度和措施健全，应定期进行卫生检查。

9.3 果蔬采摘基地的饮用水应符合 GB 5749 的标准。

9.4 污水处理应符合当地环保部门的规定，生活污水集中收集并有效处理后排放或用于灌溉。

9.5 固体废弃物处理应符合当地环保部门的规定，垃圾箱布局合理，垃圾清扫及时、集中清运、分类处理、日产日清。

9.6 公共厕所数量应满足游客需求，达到 GB/T 18973 规定的标准。采摘高峰期应根据需要增设流动厕所，不污染环境。

9.7　基地内的农业设施、建筑设施、休闲设施应与景观环境相协调。

9.8　餐饮场所应达到 GB 16153 规定的卫生标准。

10　旅游与休闲体验

10.1　应对果蔬采摘活动及相关产品和服务予以明码标价。

10.2　采摘活动宜与当地农事活动、节庆活动、民俗活动相结合。

10.3　应对果蔬知识及相关文化进行展示，有特定的展示区域，内容丰富、形式多样。

10.4　宜对果蔬采摘活动进行有针对性的、科学准确的讲解、示范和指导。

10.5　应提供种类丰富、与采摘活动相结合的休闲项目。

10.6　应对购物场所进行统一管理，秩序良好，无围追兜售、强买强卖现象。

10.7　应制定岗位服务操作规范，并落实到位。

10.8　从业人员应掌握旅游接待服务基本知识，文明礼貌、服务热情。

10.9　宜开展与游客的联系和互动，倾听游客意见，认真处理并及时反馈。

11　基地管理与经营

11.1　经营主体应明确，经营管理制度应健全有效。

11.2　应编制果蔬采摘旅游专项规划或方案，且与当地的土地规划、城乡规划和旅游规划相衔接。

11.3　宜在深入挖掘当地文化特色的基础上创建品牌，开展市场营销，开发相关文化创意产品和旅游商品。

11.4　人员应配备合理，掌握基地的管理制度及规范，熟悉岗位的专业基础知识。

11.5　应定期组织参加相关部门的培训，内部上岗培训率应达 100％。

11.6 应建立服务质量监督保障体系，定期进行服务质量考核并持续改进。

11.7 应设有旅游服务质量投诉电话和投诉点，配备接待人员；投诉处理制度完备，投诉档案记录完整、规范。

11.8 宜定期开展游客满意度调查。

主 要 参 考 文 献

安广池，刘桂平，闫志佩，等.2010.软籽石榴新品种选育初报［J］.中国园
　艺文摘（7）：7-14.

安广池，张庆.2010.石榴软籽新品种枣选1号的选育［J］.中国果树（6）：
　16-17.

班景洋，高希君，刘欣，等.2014.果树设施栽培技术及配套机具研究［J］.
　农业科技与装备（12）：50-51.

卜丽芳.1997.果树叶面喷肥应注意什么［J］.山西果树（1）：54-54.

曹涤环.2008.几种农家肥的主要成分和用法［J］.科学种养（10）：64-64.

曹玉芬.2001.我国的红皮梨种质资源［J］.中国种业（1）：28-29.

常有宏，吕晓兰，蔺经，等.2013.我国果园机械化现状与发展思路［J］.中
　国农机化学报（6）：27-32.

陈福，张涌.2005.6个油桃品种在云南广南的试栽表现［J］.中国果树（5）：
　21-22.

陈华玲，黎小萍，李洪波.2007.关于发展观光果业的几点认识［J］.中国果
　业信息，24（11）：7-8.

陈霁，马瑞娟，俞明亮，等.2010.观赏桃种质资源与创新利用研究进展［J］.
　江苏农业科学（5）：237-240.

崔健，黄辉，张葆华.2006.广州越秀公园山坡绿化生态恢复初探［J］.广东
　园林，28（6）：41-44.

党张莉，郑文娟，成明，等.2011.棚桃的品种选择及温湿度管理［J］.北方
　果树（1）：31-31.

邓荣华.1984.闽北山垄田的气候特点及其合理利用［J］.农业气象（3）：
　31-34.

董颖，赵思东，蔡志文，等.2008.江西大富农业科技示范园规划探析［J］.
　中南林业调查规划，27（1）：28-31.

董颖.2012.城郊观光果园规划研究［D］.长沙：中南林业科技大学.

高照全，戴雷.2014.有机果园常用农药种类和使用［J］.果农之友（2）：
　38-41.

耿玉韬.1989.果实颜色的理论与实践［J］.山西果树（1）：36－39.

管恩桦，齐芸芳，马红梅，等.2012.创意果业及其生产［J］.中国果菜（2）：17－21.

管恩桦，秦娜，赵常春，等.2010.创意果业模式探讨［J］.山西果树（5）：40－41.

管洁.2015.青岛市休闲旅游农业发展模式研究［D］.青岛：中国海洋大学.

何科佳，曾斌，张力，等.2013.我国蓝莓种质资源利用研究进展［J］.湖南农业科学（23）：14－17.

何子顺，张虎平.2014.影响梨果皮着色的因素及解决措施［J］.山西果树（1）：25－26.

胡桂红.2011.山东省农产品电子商务模式研究［J］.黑龙江对外经贸，205（7）：80－81.

胡迎春.2007.京郊休闲果园游客满意度研究［D］.北京：北京林业大学.

黄书涛，王亮，徐敬奎，等.2014.石榴软籽芽变新品种枣选3号的选育［J］.中国果树（3）：18－19.

冀宣.2000.果蔬的采收［J］.河北农业（7）：23.

贾惠娟，华向红，滕元文，等.2011.半垄式根域限制栽培在南方设施葡萄上的应用［J］.浙江大学学报（农业与生命科学版），37（6）：649－654.

贾士龙.2008.桃树冬季修剪四手法［J］.北京农业（31）：28－28.

克里木·伊明，玛尔哈巴·吾斯满，车凤斌.2010.新疆南部地区设施果树栽培现状、问题及对策［J］.中国农学通报，26（1）：82－85.

邝志华.2012.乡村旅游环境景观建设研究［D］.长沙：湖南农业大学.

李海英，李传胜.2003.优质鲜食葡萄品种——‘金手指’［J］.特种经济动植物，6（11）：33－33.

李洪山，李杜，周步海.2011.观光葡萄园建设生态目标及有害生物生态控制［J］.湖北农业科学，50（1）：84－86.

李洪艳.2009.土壤水分对葡萄植株生长发育的影响［D］.上海：上海交通大学.

李建华，戚行江，梁森苗，等.2007.中国樱桃品种‘诸暨短柄樱桃’［J］.园艺学报（4）：266－266.

李莉.2010.我国设施果树生产现状分析［J］.山西果树（6）：43－45.

李树和，刘峰，王灿，等.2013.针对不同人群解析园艺疗法的实践效果［J］.园林（11）：19－23.

李树华.2011.园艺疗法概论［M］.北京：中国林业出版社.

李树玲.1993.我国的梨品种资源概况［J］.中国果树（1）：41－43.

李伟山，孙大英.2013.我国农家乐开发模式及其发展［J］.广西农学报（5）：46－49.

李文，蔡文华.2004.福建山区果树利用地形避冻之浅见［J］.福建农业科技（3）：9－10.

李莹.2006.湖南省葡萄设施栽培新技术研究与推广［D］.长沙：湖南农业大学.

李勇.2012.城郊型农业观光园景观规划探讨［D］.重庆：西南大学.

李玉峰.2014.湖州市桑果产业的现状与发展对策研究［D］.杭州：浙江大学.

李芸，刘磊，李景先.2011.如何把握果树病虫害防治的最佳时期［J］.农家参谋（2）：13.

李正明.1995.果蔬汁营养与饮用禁忌［J］.食品与生活（6）：17－17.

梁森苗，戚行江.2007.浅析观光果园果树的景观设计［J］.南方农业（1）：57－60.

廖海坤.2012.园林植物造景设计的若干思考［J］.安徽农学通报（22）：77－77.

刘建敏.2007.园林树木的冻害及其防治［J］.北方园艺（2）：139－140.

刘宁侠，段眉会，倪育德，等.2012.黄金果猕猴桃的特性及栽培技术要点［J］.山西果树（6）：21－22.

刘淑芬.2011.鱼鳞坑整地、容器苗栽植技术［J］.河北林业（3）：42－43.

刘亚妮.2012.猕猴桃夏季嫁接技术［J］.西北园艺：果树专刊（3）：21－22.

柳旭波，程文亮，朱锡龙，等.2007.无核王葡萄调控快繁技术［J］.农技服务（9）：96－98.

柳旭波，范芳娟，谭小亮.2016.桃简化整形新模式——两主枝开心形［J］.东南园艺（4）：36－38.

柳旭波，范芳娟，杨继，等.2015.浙南山区桃业发展的区位优势及发展策略［J］.经济林研究（1）：153－157.

柳旭波，刘建慧.2006.快繁苗木容器栽培技术［J］.农业工程技术（温室园艺）（10）：59－60.

柳旭波，徐象华，杨继，等.2015.浙西南山区休闲观光果业优势分析及发展策略研究［J］.中国果业信息（3）：17－19.

柳旭波，杨继，曹鹏飞，等.2014.浙西南高山地带果树开发利用技术［J］.东南园艺（3）：43－47.

吕荣海 . 2006. 浅谈果树设施栽培的作用现状及发展趋势 [J]. 产业与科技论
　　坛 (3)：81 - 82.

侣传杰 . 2008. 杏树的整形修剪 [J]. 农业科技通讯 (2)：124 - 125.

马智才，袁静 . 2014. 柑橘高接换种新技术 [J]. 果农之友 (4)：21 - 21.

[美] B. 约瑟夫·派恩，詹姆斯·H. 吉尔摩 . 2002. 体验经济 [M]. 夏业良，
　　译 . 北京：机械工业出版社 .

[美] 伯恩德·施密特 . 2003. 体验式营销 [M]. 周兆晴，译 . 南宁：广西民
　　族出版社 .

[美] 菲利普·科特勒 . 2001. 市场营销导论 [M]. 俞利军，译 . 北京：华夏
　　出版社 .

孟秀玲，王孟 . 2013. 建设观光果园的条件和方法 [J]. 果农之友 (8)：25 - 25.

慕拥军 . 2014. 果树修剪技术要领及应注意的问题 [J]. 现代园艺 (6)：37 - 37.

牛自勉，刘成连 . 2004. 美国果树的发展特点与经验借鉴 [J]. 山西果树 (6)：
　　59 - 59.

彭慧 . 2014. 建设美好乡村背景下安徽省休闲农业发展研究 [D]. 合肥：安徽
　　农业大学 .

秦国明 . 2001. 冷藏库贮藏果蔬应注意的问题 [J]. 中国果菜 (4)：23 - 23.

秦向阳，王爱玲，张一帆，等 . 2007. 创意农业的概念、特征及类型 [J]. 中
　　国农学通报，23 (10)：29 - 32.

卿平勇 . 2007. 我国北方观光果园的景观规划设计 [D]. 杨凌：西北农林科技
　　大学 .

宋银花，王志强，刘淑娥，等 . 2008. 春美桃的品种特性及栽培技术要点 [J].
　　果农之友 (12)：20 - 20.

孙竹梅 . 2013. 介绍 6 个优良晚熟李品种 [J]. 果树实用技术与信息 (5)：
　　23 - 24.

谭晓丽 . 2013. 浙江莲都区休闲观光农业资源与发展探讨 [J]. 中国园艺文摘
　　(3)：57 - 58.

谭云峰，田志来 . 2005. 我国微生物杀虫剂研究应用及展望 [J]. 农药市场信
　　息 (16)：14 - 16.

唐月兵，韩鑫华，秦卫国 . 2008. 果树在上海园林绿化中应用的思考 [J]. 上
　　海农业科技 (5)：81 - 83.

陶宏彬，刘思瑶 . 2013. 设施果树栽培应注意的几项技术措施 [J]. 河北林业
　　(6)：34 - 34.

陶学竹，王天杏．2004．脆皮金橘高产优质栽培技术［J］．林业科技开发，18
（4）：64-65．

万正林，李立志，邓俭英，等．2010．南方农业设施常用降温方法及其基本原
理［J］．广西农业科学（7）：113-115．

万正林，罗庆熙．2007．农业设施夏季降温方法概述［J］．四川农业科技（7）：
15-16．

王步奇．2013．果树修剪技术综合运用与分析［J］．基层农技推广（6）：76-77．

王成业，李梅，刘战业．2008．山楂贮藏保鲜技术［J］．四川农业科技（5）：
59-59．

王德刚．2013．农业旅游代际特征与盈利模式研究［J］．旅游科学（1）：80-87．

王海波，刘凤之，王孝娣，等．2013．我国果园机械研发与应用概述［J］．果
树学报，30（1）：165-170．

王昊，李亚灵．2008．园艺设施内空气湿度调控的研究进展及除湿方法［J］．
江西农业学报（10）：54-58．

王鹏飞．2014．果园作业平台控制系统的设计与研究［D］．保定：河北农业
大学．

王世平，张才喜，罗菊花，等．2002．果树根域限制栽培研究进展［J］．果树
学报，19（5）：298-301．

王世平．2004．葡萄根域限制栽培技术［J］．河北林业科技（5）：88-90．

王涛，谢小波，蔡美艳，等．2007．杨梅新品种黑晶的果实发育与主要品质指
标变化规律［J］．浙江农业学报（6）：32-35．

王旭．2004．湘潭地区欧亚葡萄品种的选优研究［J］．中外葡萄与葡萄酒（4）：
34-36．

王予婧．2011．广西药用植物及其造景探索［D］．广州：华南理工大学．

温长路．2010．休闲养生［M］．北京：人民卫生出版社．

温铁军，张俊娜，杜洁．2015．农业现代化的发展路径与方向问题［J］．中国
延安干部学院学报，8（3）：105-110．

文慧婷，张翠玲．2007．植物组织培养研究［J］．现代农业科技（19）：15-15．

吴光玲．2014．闽台观光农业新型经营主体培育的比较研究［J］．辽宁行政学
院学报（5）：100-101．

武星户．2007．吃果品的科学［J］．健康（10）：24-25．

肖金平，陈力耕，叶伟其．2005．'丽柑2号'无核椪柑特性及栽培技术要点
［J］．浙江柑橘，22（3）：8-9．

肖永青, 刘志炜 . 2013. 中华寿桃栽培技术要点 [J]. 林业科技情报, 45 (1):
    5 - 7.

肖煜 . 2005. 引入体验营销, 促进旅游业的发展 [J]. 商业研究, 332 (24):
    174 - 176.

徐呈程, 许建伟, 高沂琛 . 2013. "三生" 系统视角下的乡村风貌特色规划营
    造研究——基于浙江省的实践 [J]. 建筑与文化 (1): 70 - 71.

徐海英, 张国军, 闫爱玲 . 2007. 葡萄标准化生产与施肥 [J]. 中外葡萄与葡
    萄酒 (3): 19 - 24.

徐正林, 邹丽君 . 2007. 体验营销——乡村旅游发展的新思路 [J]. 经济与管
    理, 21 (5): 29 - 33.

闫文涛, 仇贵生, 孙丽娜 . 2014. 7 种新型果树杀螨剂简介 [J]. 中国南方果树
    (3): 124, 130.

阎洪, 龚正祥, 程德芳, 等 . 2005. 旱地坡改梯挖掘机施工技术 [J]. 四川农
    业科技 (10): 40 - 41.

杨建民 . 2000. 果树霜冻害研究进展 [J]. 河北农业大学学报 (3): 55 - 59.

杨美玲, 周凤茹, 徐国岐 . 2013. 化肥的施用技术 [J]. 农业与技术 (11):
    125 - 125.

杨荣曦, 徐阳, 洪丹丹, 等 . 2014. '红美人' 杂柑特性及栽培技术要点 [J].
    浙江柑橘 . (2): 18 - 19.

杨涛 . 2006. 论农业旅游的开发模式与对策 [J]. 商业研究 (24): 160 - 162.

杨叶, 赵润良 . 2015. 果树枝条粉碎机械的研究现状与发展 [J]. 农业装备与
    车辆工程, 53 (12): 53 - 55.

杨永华 . 2012. 12 个梨品种在甘肃张掖的试栽表现 [J]. 西北园艺 (果树)
    (5): 37 - 38.

杨照渠, 黄彬红 . 2013. 台州市观光果业发展现状与对策 [J]. 浙江农业科学
    (8): 52 - 54.

姚连芳, 扈惠灵, 刘遵春 . 2007. 果树在农业观光园中的应用 [J]. 河南农业
    科学 (7): 75 - 78.

佚名 . 2015. 休闲观光农庄开发模式 [J]. 甘肃农业 (3): 49 - 50.

俞益武, 张建国, 崔会平 . 2007. 观赏果树的概念、特征与功能 [J]. 福建林
    业科技 (3): 207 - 209.

张红菊, 赵怀勇 . 2003. 河西走廊梨树高接换种技术 [J]. 甘肃农业科技
    (10): 27 - 28.

张洪胜.2010.关注创意果业 [J].烟台果树 (4)：14 - 15.

张书谦.2005.温室降温方法的设计与选用 [J].农村实用工程技术（温室园艺）(3)：24 - 26.

张伟强，王霞.2008.观光果园的规划设计思路 [J].台湾农业探索 (1)：85 - 86.

张新宇.2009.挖掘机整修水平梯田的实践 [J].中国水土保持 (6)：17.

张兴旺.2003.梨两主枝"丫"字形的构造和培养 [J].农村实用技术 (4)：21 - 23.

张秀青，赖景生.2004.西南地区水果业发展的问题与对策研究 [J].农村经济 (1)：31 - 34.

章俊华，刘玮.2009.园艺疗法 [J].中国园林 (7)：19 - 23.

赵纯清.2005.温室除湿降温系统除湿剂利用及再生的实验研究 [D].武汉：华中农业大学.

赵东侠.2008.果园小气候条件对果树生产的影响 [J].河北农业科技 (15)：33 - 33.

钟国庆.2005.北京市休闲果业发展研究 [D].北京：北京林业大学.

钟辉，阮志刚，钟公诒，等.2013.鲜食早熟葡萄醉金香在宁波市鄞州区的引种表现及高效栽培技术 [J].现代农业科技 (7)：99 - 99.

钟永烈.2015.如何提升新型城镇化文旅项目价值 [J].中国房地产 (14)：55 - 57.

周厚成，王中庆，赵霞.2007.南方型草莓优良品种及育苗技术 [J].北京农业 (10)：31 - 32.

周晓音，郑仕华，李国斌，等.2011.丽水枇杷优良单株选育初报 [J].浙江农业科学 (1)：44 - 46.

卓根施.2007.畜禽粪肥要注意"冷热"[J].农村实用技术 (2)：55 - 55.

图书在版编目（CIP）数据

观光果树开发与利用／柳旭波，徐象华编著．—北
京：中国农业出版社，2018.1
ISBN 978-7-109-23495-6

Ⅰ.①观… Ⅱ.①柳… ②徐… Ⅲ.①观光农业-果
树园艺-研究 Ⅳ.①F590.3②S66

中国版本图书馆 CIP 数据核字（2017）第 268193 号

中国农业出版社出版
（北京市朝阳区麦子店街 18 号楼）
（邮政编码 100125）
责任编辑 张 利 石飞华

三河市君旺印务有限公司印刷 新华书店北京发行所发行
2018 年 1 月第 1 版 2018 年 1 月河北第 1 次印刷

开本：880mm×1230mm 1/32 印张：5.25 插页：4
字数：134 千字
定价：22.00 元
（凡本版图书出现印刷、装订错误，请向出版社发行部调换）